DIGITAL SERIES

未来へつなぐ
デジタルシリーズ

グラフ理論の基礎と応用

舩曳信生
渡邉敏正
内田智之
神保秀司
中西　透　著

14

共立出版

Connection to the Future with Digital Series
未来へつなぐ デジタルシリーズ

編集委員長：　　　白鳥則郎（東北大学）

編集委員：　　　　水野忠則（愛知工業大学）
　　　　　　　　　高橋　修（公立はこだて未来大学）
　　　　　　　　　岡田謙一（慶應義塾大学）

編集協力委員：片岡信弘（東海大学）
　　　　　　　松平和也（株式会社 システムフロンティア）
　　　　　　　宗森　純（和歌山大学）
　　　　　　　村山優子（岩手県立大学）
　　　　　　　山田圀裕（東海大学）
　　　　　　　吉田幸二（湘南工科大学）
　　　　　　　　　　　　　　　　　（50音順）

未来へつなぐ デジタルシリーズ　刊行にあたって

　デジタルという響きも，皆さんの生活の中で当たり前のように使われる世の中となりました．20世紀後半からの科学・技術の進歩は，急速に進んでおりまだまだ収束を迎えることなく，日々加速しています．そのようなこれからの21世紀の科学・技術は，ますます少子高齢化へ向かう社会の変化と地球環境の変化にどう向き合うかが問われています．このような新世紀をより良く生きるためには，20世紀までの読み書き（国語），そろばん（算数）に加えて「デジタル」（情報）に関する基礎と教養が本質的に大切となります．さらには，いかにして人と自然が「共生」するかにむけた，新しい科学・技術のパラダイムを創生することも重要な鍵の1つとなることでしょう．そのために，これからますますデジタル化していく社会を支える未来の人材である若い読者に向けて，その基本となるデジタル社会に関連する新たな教科書の創設を目指して本シリーズを企画しました．

　本シリーズでは，デジタル社会において必要となるテーマが幅広く用意されています．読者はこのシリーズを通して，現代における科学・技術・社会の構造が見えてくるでしょう．また，実際に講義を担当している複数の大学教員による豊富な経験と深い討論に基づいた，いわば“みんなの知恵”を随所に散りばめた「日本一の教科書」の創生を目指しています．読者はそうした深い洞察と経験が盛り込まれたこの「新しい教科書」を読み進めるうちに，自然とこれから社会で自分が何をすればよいのかが身に付くことでしょう．さらに，そういった現場を熟知している複数の大学教員の知識と経験に触れることで，読者の皆さんの視野が広がり，応用への高い展開力もきっと身に付くことでしょう．

　本シリーズを教員の皆さまが，高専，学部や大学院の講義を行う際に活用して頂くことを期待し，祈念しております．また読者諸賢が，本シリーズの想いや得られた知識を後輩へとつなぎ，元気な日本へ向けそれを自らの課題に活かして頂ければ，関係者一同にとって望外の喜びです．最後に，本シリーズ刊行にあたっては，編集委員・編集協力委員，監修者の想いや様々な注文に応えてくださり，素晴らしい原稿を短期間にまとめていただいた執筆者の皆さま方に，この場をお借りし篤くお礼を申し上げます．また，本シリーズの出版に際しては，遅筆な著者を励まし辛抱強く支援していただいた共立出版のご協力に深く感謝いたします．

　　　　「未来を共に創っていきましょう．」

編集委員会
白鳥則郎
水野忠則
高橋　修
岡田謙一

序文

グラフ理論の概要

　グラフ理論が対象とするグラフは，点（頂点，ノードとも呼ばれる）の集合と，辺（枝，リンクとも呼ばれる）の集合で構成される．統計で扱う折れ線グラフや棒グラフといった，数値の変化量を示すためのグラフとは異なるものである．辺は2点間を接続する線分として定義され，点に何らかの意味を与えた場合に，その対応する2点間の関係を表す．たとえば，グラフは集積回路の配線パターンの表現に用いられ，点はピンや抵抗，電源などの回路要素，辺はそれらを接続する配線に対応する．また，グラフはWorld-Wide Webシステムにおけるページ間の関連性の表現に用いられ，点はWebページに，辺はリンク付けを行っているページ間に対応する．さらには，グラフは通信ネットワークの構成（トポロジーと呼ばれる）の表現にも用いられ，点はコンピュータやルータ，スイッチングハブなどの機器に，辺はそれらを接続する電線や光ファイバ，無線などの通信リンクに対応する．このようにグラフ理論では，通信ネットワークや集積回路といった非常に複雑なシステムを，グラフのシンプルな表現方法を用いて表すことで，余分な情報を取り去り，本質のみを表現することを可能とする．このことにより，現代の科学技術の進歩の結果として得られた多くの非常に複雑なシステムの解析に対して，グラフ理論は非常に重要な解析・分析の手段を与えてくれる．

グラフ理論の目的

　コンピュータ，通信ネットワーク，ソフトウエア，携帯電話，鉄道・道路網，電力送信システムなど，現代技術の成果物は非常に複雑である．そのため，そこで何らかの問題が生じた場合に，どのようにしてその問題の本質を見極め，適切な対策を取っていくべきかを考えることは，非常に困難となっている．すなわち，複雑な対象に内在する問題の本質を見抜くこと，あるいは普遍性を抽出することの重要性がますます高まっている．グラフ理論は，複雑なシステムを構成する要素間の関係を明らかにすることで，その解決策の指針を与える可能性を有している．現在，大学や工業高等専門学校などにおいて様々な専門分野を学び，これから社会に出て技術者や研究者として活躍しようとしている若者にとって，システムのシンプルなモデル化と構成要素間の関係性から，その本質あるいは普遍性を見抜くといったグラフ理論に基づいたアプローチに精通することは，備えておくべき基礎的能力であると言っても過言ではない．

グラフ理論を学ぶにあたって

　グラフ理論を使いこなす上で大切なことは，グラフ理論で用いられる様々な用語，その概念，

意味を正しく理解することである．グラフ理論では，点，辺に始まり，非常に多くの用語が用いられている．それらの用語を正しく使うことで，対象とする問題の本質を理解したり，その解法を与えたり，問題に関する理解を共有し合うことが容易となる．人間社会でのコミュニケーションにおいては正しい日本語や英語が有用であり，コンピュータの利用においては正しいプログラミング言語が有用であるように，グラフ理論の様々な用語を正しく用いることで，グラフで表現可能な非常に多くの問題に関するコミュニケーションをスムーズに行うことが可能となる．グラフ理論の概念・用語の世界を共通にもつことで，問題解決の第一歩を，より解に近いところから始めることが可能となる．同時に，それを用いたコミュニケーションを通じて，最終的な解への道筋を早く辿ることを可能とする．

本教科書の狙いと構成

本書は，3つの大学の情報系学科に所属し，情報工学や知能工学，通信・ネットワーク工学を学ぶ学生にグラフ理論の基礎に関する授業を行うとともに，それを研究活動に活用している教員5名が，それぞれの得意とする分野を中心に執筆を分担することで作成されたものである．そのため，数学的な厳密さ，正しさよりは，情報工学，知能工学，通信・ネットワーク工学などでの利用において特に重要と思われる概念を選び，なるべく読者に直感的に伝えられるように配慮している．情報系工学の学生，技術者，研究者にとって，グラフ理論は，システム，現象，制度などを視覚的に表現し，分析するための道具である．現実の社会の中に存在し，発生している様々なシステム，現象，制度は，非常に複雑であり，このような複雑な対象から，問題の本質を見抜き，普遍性を抽出することが求められている．グラフ理論はそのための考え方や手段を提供する．ここで，グラフ理論をそれらの複雑な対象に適用するには，その本質を直感的に理解することとともに，柔軟にその適用方法や手順を考えていく必要がある．そのためには，細々とした枝葉的な条件や結果にこだわるよりは，ざっくりとその本質を見抜くことが重要である．本書では，必要な定理についてはその証明を与えているが，証明法を理解したい，それを学びたい，正しさにこだわりたいといった場合を除き，読むことや授業での説明を省いていただいて差し支えない．それらは，数学的基礎（第1章）に記載した証明法のテクニックを理解するための参考としての利用をお勧めする．また，各章での理解を深めるために，章末に演習問題を付している．この中で，設問番号に＊が付いているものは難易度が高い設問である．

謝辞

最後に，本書の執筆をお勧めいただきました，東北大学の白鳥則郎名誉教授には，心より感謝申し上げます．本書は，著者の1人が白鳥先生と偶然ご一緒させていただきましたソウルの国立中央博物館での会話をきっかけとしています．このお話を頂戴しましてから，すでに2年が過ぎてしまいましたが，その間，いつも辛抱強く励ましていただきました共立出版株式会社の島田誠様には，厚く御礼申し上げます．

2012年8月

著者を代表して　舩曳信生

目 次

刊行にあたって　i
序文　iii

第1章 数学的基礎　1

1.1 集合　1
1.2 写像または関数　3
1.3 関係　5
1.4 フロアとシーリング　9
1.5 論理と命題　9
1.6 証明論法　14

第2章 グラフに関する諸定義と基本的性質　20

2.1 グラフとは　20
2.2 グラフの使用例　21
2.3 部分グラフ　23
2.4 隣接，接続，同形　23
2.5 点次数　23
2.6 ウォーク，トレイル，パス，連結性，サイクル　24
2.7 非サイクル的グラフ，木　26

2.8 辺や点の除去，ブロック	26
2.9 いくつかの特徴をもつグラフ	27
2.10 グラフと行列表現	29

第3章
グラフの諸性質と最短路問題　34

3.1 パス・サイクル・ウォークに関する性質	34
3.2 2部グラフとサイクル	38
3.3 単純グラフの最大辺数と最小辺数	40
3.4 有向非サイクル的グラフと位相的順序	42
3.5 最短路問題を解くダイクストラ法	44

第4章
巡回性　53

4.1 オイラーサーキット	53
4.2 オイラーグラフの特徴付け	54
4.3 オイラーサーキットの検出	56
4.4 有向オイラーサーキット	59
4.5 中国人郵便配達問題への応用	59
4.6 ハミルトングラフ	61

	4.7 ハミルトンサイクルをもつための十分条件	63
	4.8 トーナメント	66
	4.9 巡回セールスマン問題	69

第5章 木　75
	5.1 木の特徴	75
	5.2 全域木	77
	5.3 根付き木	84

第6章 グラフの平面性　94
	6.1 平面的グラフと非平面的グラフ	94
	6.2 グラフの平面性と回路設計への応用	96
	6.3 平面描画における面とオイラーの公式	99
	6.4 平面性の特徴付け	102
	6.5 幾何学的双対	106
	6.6 外平面的グラフ	107

第7章 グラフの彩色問題　117
| | 7.1 点彩色問題 | 117 |
| | 7.2 辺彩色問題 | 120 |

	7.3 染色多項式	123
	7.4 彩色アルゴリズム	125
	7.5 彩色問題の応用	126

第8章 ネットワークフロー 132

| | 8.1 ネットワークとフロー | 132 |
| | 8.2 最大フロー最小カットの定理 | 134 |

第9章 グラフの連結性 142

| | 9.1 連結度と辺連結度 | 142 |
| | 9.2 メンガーの定理 | 146 |

索引 150

第1章
数学的基礎

□ 学習のポイント

本章では，集合，写像，関係，フロアとシーリング，論理と命題，証明論法，など本書を読んでいく際に必要と思われる数学的基礎を簡潔に説明する．必要に応じて適宜参照されたい．この章の目標は以下の通りである．

- 集合，写像，関係，フロアとシーリング，などの用語や基礎概念を理解する．
- 命題とは何か，証明とは何をすることか，必要条件あるいは十分条件，含意，仮定と結論，などの論理や証明に関する基本的事項を理解する．
- 証明論法としてよく用いられる，数学的帰納法，鳩の巣原理，背理法などの具体的な証明原理を理解し，それらを実際に適用できる．

□ キーワード

集合，直積，写像，関数，順序関係，同値関係，フロア，シーリング，論理変数，論理式，命題，証明，必要十分条件，数学的帰納法，鳩ノ巣原理，背理法

1.1 集合

集合 (set) とは「ものの集まり」のことである．その集合に含まれる「もの」を**要素** (element) や**元**（げん）といい，集合 A に含まれる要素数をここでは $|A|$ と表す．要素数が有限あるいは無限の場合に，それぞれ有限集合あるいは無限集合という．要素 a が集合 A に含まれることを $a \in A$，含まれないことを $a \notin A$ と表す．ある条件を満たす要素の集合は，$\{x_1, x_2, x_3\}$ のように条件を満たす全要素 x_1, x_2, x_3 を "{" と "}" で囲んで列挙するか，または $\{i \mid i \text{ は正の整数}\}$ のように，| の左側に一般形を，| の右側に条件を記載し，これらを "{" と "}" で囲んで表記する．自然数（正の整数）の集合は $\mathbf{N}$，整数の集合は $\mathbf{Z}$，有理数の集合は $\mathbf{Q}$，実数の集合は $\mathbf{R}$ という記号で表す．上述の記法に従えば，$\mathbf{N} = \{i \mid i \text{ は正の整数}\}$ と表現される．$\mathbf{Z}, \mathbf{Q}, \mathbf{R}$ を非負要素に制限した集合をそれぞれ，$\mathbf{Z}^+, \mathbf{Q}^+, \mathbf{R}^+$ と表記する．要素を含まない集合を**空集合** (empty set) といい，$\emptyset$ と表す．「空集合」は "くうしゅうごう" と読む．$|\emptyset| = 0$ である．

A, B を 2 つの集合とする．**和集合** (union) $A \cup B$，**共通集合** (intersection) $A \cap B$，**差集合** (difference) $A - B$（$A \setminus B$ と表記されることもある），**対称差集合** (symmetric difference)

$A \oplus B$ は以下のように定義される（図 1.1(1)〜(4) 参照）：

$A \cup B = \{x \mid x \in A \text{ または } x \in B\}$,
$A \cap B = \{x \mid x \in A \text{ かつ } x \in B\}$,
$A - B = \{x \mid x \in A \text{ かつ } x \notin B\}$,
$A \oplus B = (A - B) \cup (B - A)$.

A の要素がすべて B の要素であるとき，$A \subseteq B$ と表し，A は B の**部分集合** (subset) であるという．$\emptyset$ は任意の集合の部分集合である．さらに，A は B の部分集合であり，かつ $A \neq B$ であるとき，$A \subset B$ と表記して，A は B の**真部分集合** (proper subset) であるという．A の部分集合すべての集合（しばしば，部分集合族という用語を使う）を A の**べき集合** (power set) といい，2^A と表記する．すなわち，$2^A = \{A' \mid A' \subseteq A\}$ であり，$\emptyset \in 2^A$ および $A \in 2^A$ である．

例 1.1 $A = \{1, 2, 3, 4\}$ とするとき，2^A は以下の $2^{|A|}(= 2^4 = 16)$ 個の部分集合を要素とする：

$$\emptyset,$$
$$\{1\}, \{2\}, \{3\}, \{4\},$$
$$\{1,2\}, \{1,3\}, \{1,4\}, \{2,3\}, \{2,4\}, \{3,4\},$$
$$\{1,2,3\}, \{1,2,4\}, \{1,3,4\}, \{2,3,4\},$$
$$\{1,2,3,4\}.$$

1 つの大きな集合 U を固定して，$A \subseteq U$ に対して，その**補集合** (complement) $\overline{A}$ を

$$\overline{A} = \{x \in U \mid x \notin A\} \quad (\text{図 1.1(5) 参照})$$

と定義する．また，**直積集合** (direct product) $A \times B$ を以下で定義する：

$$A \times B = \{(a, b) \mid a \in A \text{ かつ } b \in B\}.$$

集合 A_1, A_2, A_3 の和集合は $A_1 \cup A_2 \cup A_3$ であるが，これを $I = \{1, 2, 3\}$ とおいて

$$\bigcup_{i \in I} A_i$$

と表記する．より一般的に，$A_1 \cup A_2 \cup \cdots \cup A_k (k \geq 1)$ をやはり $I = \{1, 2, \cdots, k\}$ とおいて

$$\bigcup_{i \in I} A_i$$

と表す．同様な表記は，たとえば自然数 N などについても

$$\bigcup_{i \in N} A_i$$

などと表記する．また，この表記は整数の集合以外にも用いる．たとえば，集合 $X = \{a, b, c$

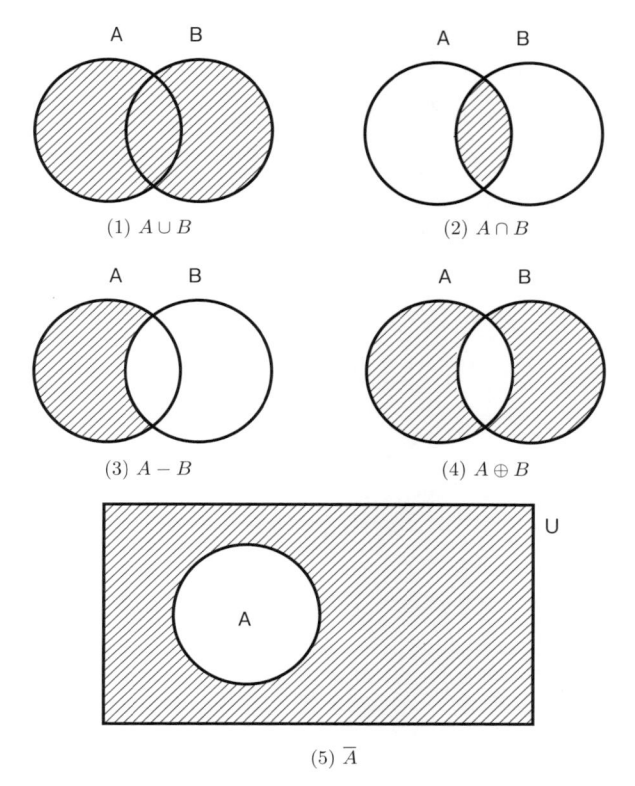

図 1.1 集合 A, B に対する $A \cup B$, $A \cap B$, $A - B$, $A \oplus B$ および $\overline{A}$ のイメージ図（各々の図の斜線部分が該当する）

の各要素に対して集合 S_a, S_b, S_c が存在しているとき, 和集合 $S_a \cup S_b \cup S_c$ を

$$\bigcup_{x \in X} S_x$$

などと表記する．

注意 1.1 k 個 $(k \geq 1)$ の数値 $a_1, a_2, \ldots, a_k$ の和 $a_1 + a_2 + \cdots + a_k$ についても, $I = \{1, 2, \ldots, k\}$ とおいて

$$\sum_{i \in I} a_i$$

と表記する．同様の表記法は, たとえば, 集合 $X = \{a, b, c\}$ に対して数値 y_a, y_b, y_c が定まっているとき, その和 $y_a + y_b + y_c$ を

$$\sum_{x \in X} y_x$$

などと表す場合もある．

1.2 写像または関数

A, B を 2 つの集合とする．A の各要素 a を B のある要素 b に対応づけることを, たとえば

$f : A \to B$ と表す．A のすべての要素に対して $f(a)$ が定められ，かつ $f(a)$ は B の唯一の要素であるとき，f を A から B への**写像** (mapping) あるいは**関数** (function) という（図 1.2 参照）．a と b の対応を $f(a) = b$ と表す．$f(a)$ を a の**像** (image) という．この表記を $A' \subseteq A$ に対して適用して $f(A') = \{f(a) \mid a \in A'\}$ を A' の像と呼ぶ．A および B をそれぞれ f の**定義域** (domain) および**値域** (range) という．逆に，要素 $b \in B$ に対応している A の要素集合を $f^{-1}(b)$ と表し，b の**原像** または**逆像** (inverse image) という．すなわち，

$$f^{-1}(b) = \{a \in A \mid f(a) = b\}$$

である．（$f^{-1}(b)$ は一般に集合であることに注意されたい．）この表記を部分集合 $B' \subseteq B$ に対して拡張して

$$f^{-1}(B') = \bigcup_{b \in B'} f^{-1}(b) = \{a \in A \mid f(a) \in B'\}$$

と表す．

例 1.2 図 1.2(1) を用いて具体例を示す．同図 (1) において，$A' = \{1, 2, 3\}$ ならば $f(A') = \{u, v\}$ である．また，$f^{-1}(u) = \{1, 3\}$ であり，$B' = \{u, w\}$ ならば $f^{-1}(B') = \{1, 3, 4\}$ である．

すべての $v \in B$ に対して $f^{-1}(v) \neq \emptyset$ であるとき，f は**全射** (surjection または onto) であるという（図 1.2(1)）．A の異なる 2 要素 u, u' に対して $f(u) \neq f(u')$ であるとき，f は**単射** (injection または one-to-one) であるという（図 1.2(2)）．全射かつ単射であるとき，f は**全単射** (bijection または one-to-one and onto) であるという（図 1.2(3)）．f が全単射ならば $|A| = |B|$，単射ならば $|A| \leq |B|$，全射ならば $|A| \geq |B|$ である．f が全単射かつ $B = A$ で，すべての $u \in A$ に対して $f(u) = u$ であるとき f を**恒等写像** (identity mapping) あるいは**恒等関数** (identity function) という．

注意 1.2 「関数」という用語はいろいろな意味で用いられる．一般的に，ある規則に従って A の要素 u を B のある部分集合 S に対応づけることを，たとえば「対応」と呼び，$\Gamma(u) = S$ と表現する．図 1.3 を参照されたい．A の要素で B の部分集合に対応づけられないものがあってもよい．たとえば，これを $\Gamma(u) = \emptyset$ と表現することもできる．また，$|\Gamma(u)| > 1$ もあり得る．このような Γ を関数と呼ぶ場合がある．$|\Gamma(u)| > 1$ なる $u \in A$ が存在するときには**多価関数** (multi-valued function)，Γ が定義されているすべての要素 u について $|\Gamma(u)| = 1$ のときには**一価関数** (single-valued function) と呼ぶ．対応が定まっているような A の要素の集合を Γ の定義域，$\Gamma(u) = B'$ となるような部分集合 B' の和集合を Γ の値域と呼ぶ．この意味では，写像は A を定義域とする一価関数である．また，一価関数を単に関数と呼ぶことも多い．このような現状を考慮して，ここでは，関数は一価関数とし，写像と関数を区別しないこととする．区別の必要が生じたときには，その都度，説明する．

(1) 全射

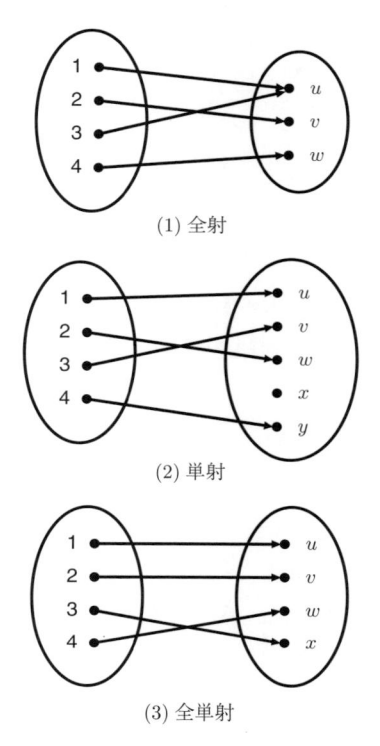

(2) 単射

(3) 全単射

図 1.2 写像 $f; A \to B$ の説明図（たとえば (1) は，$f(1) = f(3) = u$，$f(2) = v$，$f(4) = w$ なる対応があることを表している）

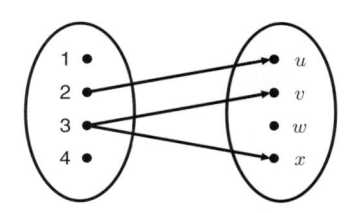

図 1.3 A から B への対応 Γ（$\Gamma(1)$，$\Gamma(4)$ は未定義であり，$\Gamma(2) = \{u\}$，$\Gamma(3) = \{v, x\}$ である）

1.3 関係

1.3.1 2項関係

集合 X 上の **2項関係** (binary relation) R とは，形式的には，直積 $X \times X$ の部分集合 $R \subseteq X \times X$ として定義される．すなわち，X の2要素 a, b が関係 R にある（あるいは，a と b が関係 R を満たす）のは，$(a, b) \in R$ のときおよびそのときに限る，ということである．$(a, b) \in R$ を aRb と表記する場合もある．

1.3.2 順序

例として，すべての整数の集合 $\mathbf{Z}$ の2要素の関係として，数値の大小関係 "$\leq$" を考えてみよ

う．ただし，$x \leq y$ は "x は y 以下である" を表すものとし，x が y 以上であることは，$x \geq y$ ではなくて $y \leq x$ というように，記号は $\leq$ のみを用いる．このとき，$\mathbf{Z}$ の任意の要素 x, y, z に対して，(i) $x \leq x$, (ii) $x \leq y$ かつ $y \leq x$ ならば $x = y$（x と y は等しい），(iii) $x \leq y$ かつ $y \leq z$ ならば $x \leq z$，が成り立つ．記号 $\leq$ は $\mathbf{Z}$ の 2 要素間の関係を表すという意味で 2 項関係と呼ばれるものの 1 つである．より一般的に，1 つの集合 X 上で定義される 2 項関係を R と表すとき，R が

(i) すべての要素 $x \in X$ に対して，xRx（**反射律**: reflective law）
(ii) すべての要素 $x, y \in X$ に対して，xRy かつ yRx ならば $x = y$（**反対称律**: antisymmetric law）
(iii) すべての要素 $x, y, z \in X$ に対して，xRy かつ yRz ならば xRz（**推移律**: transitive law）

を満たすならば，R を（X 上の）**半順序関係**あるいは**半順序** (partial order) と呼ぶ．

xRx' なる要素 x' が X に存在しないとき，x は**極大要素** (maximal element) であるという．逆に，$y'Ry$ なる要素 y' が X に存在しないとき，y は**極小要素** (minimal element) であるという．X の任意の要素 x に対して，xRx_{max} なる要素 x_{max} は**最大要素** (maximum element) であるという．逆に，X の任意の要素 y に対して，$y_{min}Ry$ なる要素 y_{min} は**最小要素** (minimum element) であるという．

さらに，X の任意の 2 要素 x, y に対して xRy または yRx のどちらかが必ず成り立つとき，R は（X 上の）**全順序関係**あるいは**全順序** (total order) と呼ばれる．なお，全順序を**線形順序** (linear order) ということもある．集合 X と全順序 R の組 (X, R) を**全順序集合** (totally ordered set) と呼ぶ．すべての整数の集合は "$\leq$" を全順序とする全順序集合の 1 つである．以下では，これを全順序集合の例として用いることが多い．

例 1.3 集合族 $C \subseteq 2^A$（A はある集合）上の 2 項関係 R を，任意の集合 $S, S' \in C$ に対して，「SRS' が成り立つのは $S \subseteq S'$ が成り立つときおよび，そのときのみである」と定義する（これを $SRS' \iff S \subseteq S'$ と表現する）．このとき，R は C 上の半順序となる（このことを各自で確かめよ）．

(1) 集合族 $C = \{\{2\}, \{3\}, \{1,4\}, \{2,4\}, \{3,4\}, \{1,2,4\}, \{1,3,4\}\}$ において，関係 R（すなわち，集合間の包含関係）を示すと図 1.4 となる．ここで，$S \subset S'$ であって，$S \subset S'' \subset S'$ なる S'' が存在しないときに，S と S' を線分で結んでいる．集合 $\{1,2,4\}$ と $\{1,3,4\}$ はいずれも各々を真部分集合として含む集合が C には存在しないので，これらは（C における）極大要素である（**極大集合** (maximal set) ということもある）．逆に，集合 $\{2\}, \{3\}, \{1,4\}$ はいずれも C の中に各々の真部分集合が存在しないので，（C における）極小要素である（**極小集合** (minimal set) ということもある）．この場合，C には最大要素，最小要素は存在しない．

(2) 一方，集合族 C として，$A = \{1, 2, 3, 4\}$ の場合のべき集合 2^A を考えてみると，その集合間の包含関係は，図 1.4 と同様な表記法により，図 1.5 となる．この場合には，A 自身が極大要素であり，かつ最大要素である．また，空集合 $\emptyset$ が極小要素であり，かつ最小要素

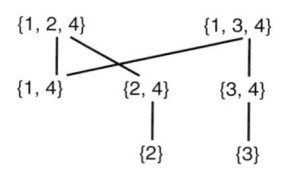

図 1.4 集合族 C における包含関係（包含関係のある集合間を線分で結んでいる：たとえば $\{2\} \subset \{2,4\} \subset \{1,2,4\}$ であるので $\{2\}R\{2,4\}$ かつ $\{2,4\}R\{1,2,4\}$ であり，$\{2\}$ と $\{2,4\}$ を，$\{2,4\}$ と $\{1,2,4\}$ をそれぞれ線分で結んでいる）

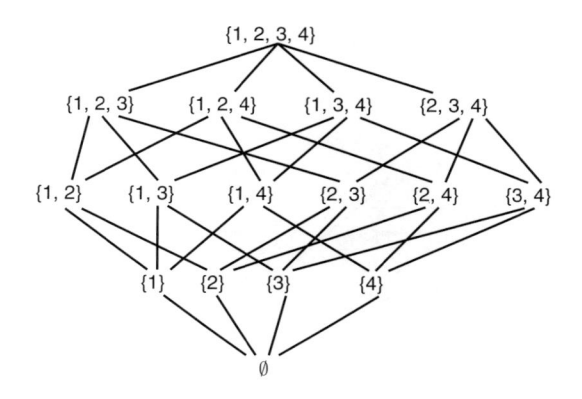

図 1.5 $A = \{1,2,3,4\}$ の場合のべき集合 2^A における包含関係

である．また，空集合を省いて，C として $2^A - \{\emptyset\}$ を考えると，$\{1\}, \{2\}, \{3\}, \{4\}$ の各々は極小要素であるが，最小要素は存在しない．

例 1.4 $I = \{0, 1, 2\}$ とし，

$$X = \{(a,b) \mid a, b \in I\}$$
$$= \{(0,0), (0,1), (0,2), (1,0), (1,1), (1,2), (2,0), (2,1), (2,2)\}$$

とする．X 上の 2 項関係 R を

$$(a_1, b_1)R(a_2, b_2) \iff (a_1 \leq a_2 \text{ かつ } b_1 \leq b_2) \tag{1.1}$$

と定義すると，R は X 上の半順序となる（このことを各自で確認せよ）．図 1.6 にこの半順序 R を示す．$(2,2)$ が極大要素かつ最大要素であり，$(0,0)$ が極小要素かつ最小要素である．

1.3.3 同値関係

R を 1 つの集合 X で定義される 2 項関係とする．R が，

(i) すべての要素 $x \in X$ に対して，xRx （**反射律**: reflective law）
(ii) すべての要素 $x, y \in X$ に対して，xRy ならば yRx （**対称律**: symmetric law）

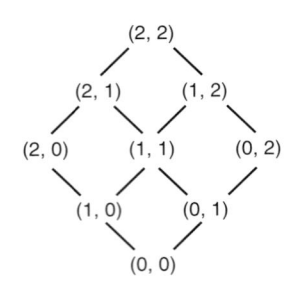

図 1.6 $X = \{(a,b) \mid a,b \in \{0,1,2\}\}$ 上の半順序 R （$(a_1,b_1) \neq (a_2,b_2)$ かつ $(a_1,b_1)R(a_2,b_2)$ であって, $(a_1,b_1)R(a,b)$ かつ $(a,b)R(a_2,b_2)$ を満たす (a,b) $(\neq (a_1,b_1),(a_2,b_2))$ は存在しないときに (a_1,b_1) と (a_2,b_2) を線分で結んでいる）

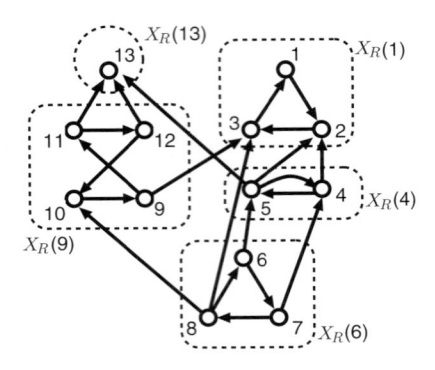

図 1.7 有向グラフの一例（破線で囲んだ頂点の集合の各々が例 1.5 の同値関係 R の同値類である）

(iii) すべての要素 $x, y, z \in X$ に対して, xRy かつ yRz ならば xRz （**推移律**: transitive law）

を満たすとき, R を（X 上の）**同値関係** (equivalence relation) と呼ぶ. 任意の要素 $a \in X$ に対して, $X_R(a) = \{b \in X \mid (a,b) \in R\}$ と定義する. $X_R(a)$ を（要素 a を含む）R の**同値類** (equivalence class) と呼ぶ. X はいくつかの同値類に分割される. つまり, X は, 要素を共有しない集合（ここでは同値類）の和集合である（このような集合を**直和集合** (disjoint union) という）.

例 1.5 図 1.7 は 1~13 の 13 個の頂点を有向線分で結んだ図形（後述の用語でいえば有向グラフ）である. 同図において, 頂点 u から有向線分を各線分の向きに従って辿ることにより頂点 v に到達できることを「u から v へ到達可能」ということにする. たとえば, 頂点 8 から頂点 2 へ到達可能である. 頂点集合を $X = \{1, 2, \cdots, 13\}$ とおき, X 上の 2 項関係 R を以下で定義してみよう：

$$uRv \iff (u \text{ から } v \text{ へ到達可能であり, かつ } v \text{ から } u \text{ へ到達可能である})$$

このとき, 各頂点 u は自分自身へ到達可能であるから, uRu（反射律）が成り立つ. また, 頂点 u から頂点 v へ到達可能であれば v から u へ到達可能である. よって, uRv が成り立つならば vRu が成り立つ（対称律）. さらに, (uRv かつ vRw) が成り立つならば頂点 u から頂点

v へ到達可能であり，かつ頂点 v から頂点 w へ到達可能であるので，u から v へ到達可能であり，かつ v から u へ到達可能である．したがって（uRv かつ vRw）が成り立つならば uRw が成り立つ（推移律）．すなわち，R は X 上の同値関係である．

頂点 1 に着目すると，$1R2$ かつ $2R3$ かつ $3R1$（つまり，$\{(1,2),(2,3),(3,1)\} \subseteq R$）が成り立つが，$u \in \{1,2,3\}$，$v \in X - \{1,2,3\}$ なる任意の 2 点 u, v については，uRv は成り立たない（つまり，$(u,v) \notin R$）．よって，

$$X_R(1) = \{1, 2, 3\} = X_R(2) = X_R(3)$$

である．同様に考えると，R の同値類は以下の 5 つである（図 1.7 には破線で囲んで示している）：

$$X_R(4) = \{4, 5\} = X_R(5),$$
$$X_R(6) = \{6, 7, 8\} = X_R(7) = X_R(8),$$
$$X_R(9) = \{9, 10, 11, 12\} = X_R(10) = X_R(11) = X_R(12),$$
$$X_R(13) = \{13\}.$$

1.4 フロアとシーリング

任意の実数 x に対し，x 以下の最大整数を $\lfloor x \rfloor$ と表し，x の**フロア** (floor) と呼ぶ．また，x 以上の最小整数を $\lceil x \rceil$ と表し，x の**シーリング** (ceiling) と呼ぶ．なお，$\lfloor x \rfloor$，$\lceil x \rceil$ をそれぞれ x の切り捨て，x の切り上げと呼ぶこともある．一般的に，$x - 1 < \lfloor x \rfloor \leq x \leq \lceil x \rceil < x + 1$ であり，任意の整数 n に対して $\lceil n/2 \rceil + \lfloor n/2 \rfloor = n$ である．

任意の正の整数 a, b に対して，以下が成り立つ（証明は演習問題 設問 1 参照）：

$$\lceil a/b \rceil = \lfloor (a+b-1)/b \rfloor.$$

1.5 論理と命題

論理に関する基本的事項を概説し，命題とは何か，証明とは何をすることか，さらには必要条件あるいは十分条件，などを論理の立場から説明する．

1.5.1 論理変数と論理式

論理変数と基本的な論理式

真 (true) または偽 (false) のいずれかの値をもつ変数を**論理変数** (logical variable)（または**ブール変数** (boolean variable)）といい，次に説明する**論理演算子** (logical operator) $\wedge$, $\vee$, $\neg$ を導入して，論理変数との組合せで**論理式** (logical formula) を構成する．ここで表記簡単化のため，真を 1，偽を 0 と表す．（なお，真であることを「正しい」あるいは「成立する」ということもある．また，偽であることを「正しくない」あるいは「成立しない」ともいう．）

∧ と ∨ は二項演算，¬ は単項演算で，以下で定義される：

$$0 \vee 0 = 0, \quad 0 \vee 1 = 1, \quad 1 \vee 0 = 1, \quad 1 \vee 1 = 1;$$
$$0 \wedge 0 = 0, \quad 0 \wedge 1 = 0, \quad 1 \wedge 0 = 0, \quad 1 \wedge 1 = 1;$$
$$\neg 0 = 1, \quad \neg 1 = 0.$$

2つの論理変数 X, Y と上記の論理演算子を用いて，基本的な論理式である**論理和**（or または disjunction），**論理積**（and または conjunction），**否定**（not または negation）が構成される：

$$\text{論理和 } X \vee Y; \quad \text{論理積 } X \wedge Y; \quad \text{否定 } \neg X.$$

これらの真偽は各々の変数の真偽によって**真理値表** (truth table) と呼ばれる表にまとめられる（図 1.8 参照）．

注意 1.3 $X \vee Y$ を「X または Y」，$X \wedge Y$ を「X かつ Y」と読むことが多い．¬X は「X の否定」ということが普通である．また，論理演算子 ∨, ∧, ¬ もそれぞれ「OR（オア）」，「AND（アンド）」，「否定（ネゲーション）」などと呼ぶことが多い．

図 1.8 を用いれば，図 1.9 に示すように，**ド・モルガンの法則** (De Morgan's laws)

$$\neg(X \vee Y) = \neg X \wedge \neg Y, \quad \neg(X \wedge Y) = \neg X \vee \neg Y$$

が成り立つことがわかる．

さらに，**排他的論理和** (exclusive or) $X \oplus Y$，**含意** (implication) $X \Longrightarrow Y$，**等価** (equivalence) $X \Longleftrightarrow Y$ を以下で定義する（図 1.10 の真理値表参照）．

(i) $X \oplus Y$ は，X または Y いずれかの一方のみ 1 の場合に 1 で，他の場合は 0 である．

(ii) $X \Longrightarrow Y$ は，$X = 0$ のときは Y が 0 でも 1 でも常に 1 であり，$X = 1$ のときには $Y = 1$ の場合に 1 で，$Y = 0$ の場合には 0 とする．

(iii) $X \Longleftrightarrow Y$ は，X と Y がともに 0 であるか，またはともに 1 である場合に 1 で，他の場合は 0 とする．

注意 1.4 $X \Longrightarrow Y$ を「X（が真である）ならば Y（が真）である」，$X \Longleftrightarrow Y$ を「X と Y は（論理的に）等価である」ということが多い．$X \oplus Y$ は「X と Y の排他的論理和」あるいは「X と Y のリングサム」などということが普通である．

論理式「¬$Y \Longrightarrow \neg X$」を「$X \Longrightarrow Y$」の**対偶** (contraposition)，「$Y \Longrightarrow X$」を「$X \Longrightarrow Y$」の**逆** (converse)，「¬$X \Longrightarrow \neg Y$」を「$X \Longrightarrow Y$」の**裏** (reverse) という．

ここで，$X \Longrightarrow Y$ と，4つの論理式 ¬$X \vee Y$，対偶 ¬$Y \Longrightarrow \neg X$，逆 $Y \Longrightarrow X$，および裏 ¬$X \Longrightarrow \neg Y$ の真理値表を図 1.11 に示す．これから，

X	Y	$X \vee Y$	$X \wedge Y$
0	0	0	0
0	1	1	0
1	0	1	0
1	1	1	1

X	$\neg X$
0	1
1	0

図 1.8　論理式 $X \vee Y$, $X \wedge Y$, $\neg X$ の真理値表

X	Y	$\neg X$	$\neg Y$	$\neg(X \vee Y)$	$\neg X \wedge \neg Y$	$\neg(X \wedge Y)$	$\neg X \vee \neg Y$
0	0	1	1	1	1	1	1
0	1	1	0	0	0	1	1
1	0	0	1	0	0	1	1
1	1	0	0	0	0	0	0

図 1.9　ド・モルガンの法則を示す真理値表

X	Y	$X \oplus Y$	$X \Longrightarrow Y$	$X \Longleftrightarrow Y$
0	0	0	1	1
0	1	1	1	0
1	0	1	0	0
1	1	0	1	1

図 1.10　論理式 $X \oplus Y$, $X \Longrightarrow Y$, $X \Longleftrightarrow Y$ の真理値表

X	Y	$\neg X$	$\neg Y$	$X \Longrightarrow Y$	$\neg X \vee Y$	$\neg Y \Longrightarrow \neg X$	$Y \Longrightarrow X$	$\neg X \Longrightarrow \neg Y$
0	0	1	1	1	1	1	1	1
0	1	1	0	1	1	1	0	0
1	0	0	1	0	0	0	1	1
1	1	0	0	1	1	1	1	1

図 1.11　論理式 $X \Longrightarrow Y$, $\neg X \vee Y$, $\neg Y \Longrightarrow \neg X$, $Y \Longrightarrow X$, $\neg X \Longrightarrow \neg Y$ の真理値表

$$(\neg X \vee Y) \Longleftrightarrow (X \Longrightarrow Y), \text{および} (X \Longrightarrow Y) \Longleftrightarrow (\neg Y \Longrightarrow \neg X)$$

が成り立つことがわかる．また，$(X \Longrightarrow Y)$ と $(Y \Longrightarrow X)$ の真偽は必ずしも一致しない（つまり等価とは限らない）こと，および $(Y \Longrightarrow X) \Longleftrightarrow (\neg X \Longrightarrow \neg Y)$ が成り立つこともわかる．さらに，図 1.12 より

$$(X \Longleftrightarrow Y) \Longleftrightarrow ((X \Longrightarrow Y) \wedge (Y \Longrightarrow X))$$

も成り立つ．なお，$n(\geq 3)$ 個の論理変数についても，上記の演算を反復して n 変数の論理式が構成できる．

1.5.2　命題とは

真か偽かいずれかである記述を**命題** (proposition) という．真であることを「正しい」あるいは「成立する」とか「成り立つ」ということもある．一方，偽であることを「正しくない」あるいは「成立しない」とか「成り立たない」ともいう．たとえば，「3 は素数である」は真である命題であり，「4 は素数である」は偽である命題である．

命題 A の**否定**（命題）(negation) を $\neg A$ と表す．たとえば，命題「x は素数である」の否定

X	Y	$\neg X$	$\neg Y$	$\neg X \vee Y$	$X \vee \neg Y$	$(X \Longrightarrow Y) \wedge (Y \Longrightarrow X)$	$X \Longleftrightarrow Y$
0	0	1	1	1	1	1	1
0	1	1	0	1	0	0	0
1	0	0	1	0	1	0	0
1	1	0	0	1	1	1	1

図 1.12 2つの論理式 $(X \Longrightarrow Y) \wedge (Y \Longrightarrow X)$ と $X \Longleftrightarrow Y$ の等価性（ここで, $(X \Longrightarrow Y) \Longleftrightarrow (\neg X \cup Y)$ および $(Y \Longrightarrow X) \Longleftrightarrow (X \cup \neg Y)$ である.）

は「x は素数でない」となる．また，命題「集合 S の任意の要素は条件 C を満たす」（「集合 S のすべての要素は条件 C を満たす」も同様な命題である）の否定は「集合 S には条件 C を満たさない要素が存在する」である．（混同しやすい表現ではあるが，「集合 S のすべての要素が条件 C を満たすわけではない」という部分否定表現もできる.）さらに，命題「集合 S には条件 C を満たす要素が存在する」の否定は「集合 S には条件 C を満たす要素が存在しない」である（あるいは，「集合 S のどの要素についても，条件 C は成立しない」などと表現することもできる.）．

2つの命題 A, B に対して，論理和 $\wedge$ や論理積 $\vee$ を導入して $A \wedge B$ や $A \vee B$ などの命題を構成することができる．これらの命題の真偽は，各々の命題の真偽と $\wedge$ や $\vee$ の真理値表に従って，決められる．すなわち，論理変数 X, Y を命題 A, B で置き換えれば，種々の新しい命題が構成できる．

注意 1.5 命題 $A \vee B$（この命題を「A または B」ということが多い）に対して，「$A \vee B$ が真である」とは，「A, B の一方のみが真である」か，あるいは「A と B がともに真である」か，いずれかを意味する．したがって，「$6 \leq 6$」なる命題は真である（これは $(6 = 6) \vee (6 < 6)$ なる命題であるから明らかであろう）．一方，命題 $A \wedge B$（「A かつ B」ということが多い）については，「$A \wedge B$ が真である」ことは，「A と B がともに真である」ことを意味している．

1.5.3 含意，必要条件および十分条件

「A が真であるならば B が真である」（これを簡単のために「A ならば B である」などと表現する）という命題を**含意命題** (implication) という．これを $A \Longrightarrow B$ と表記する．A をこの含意命題の**仮定** (assumption)，B を**結論** (conclusion) という．$A \Longrightarrow B$ が真であるとき，「仮定 A は結論 B が真である（成り立つ）ための**十分条件** (sufficient condition)」といい，「結論 B は仮定 A が真である（成り立つ）ための**必要条件** (necessary condition)」という．

含意命題 $A \Longrightarrow B$ に対して，$B \Longrightarrow A$ を逆（命題），$\neg B \Longrightarrow \neg A$ を対偶（命題），$\neg A \Longrightarrow \neg B$ を裏（命題）ということも論理式の場合と同様である．

例 1.6 以下の2つの命題を例として考えてみよう．

命題 A：整数 n は6の倍数である．
命題 B：整数 n は偶数である．

6の倍数，偶数および整数，各々の集合 $S_A, S_B, \mathbf{Z}$ の包含関係は図1.13に示す通りである．A（n は6の倍数である）が真ならば，B（n は偶数である）も真である（通常の言い方をす

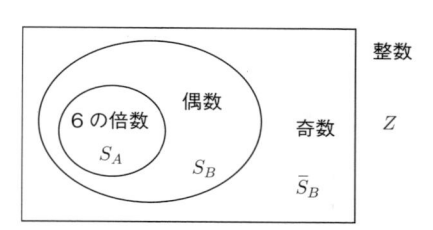

図 1.13 6 の倍数，偶数，すべての整数，各々の集合の包含関係

れば，6 の倍数であるならば偶数である）ということが，すべての n に対して成立するので，$A \Longrightarrow B$ は真となる．A が真であること（6 の倍数であること）は B が真となる（偶数である）ための十分条件である．つまり，A が真であれば必ず B も真となるということである．

逆に，B（n は偶数である）が真とするとき，A（n は 6 の倍数である）は必ずしも真になるとは限らない．$n=4$ は偶数であるが，6 の倍数ではない．すなわち，B が真であるならば A も真である，ということが成立しない整数 n が存在する．よって，$B \Longrightarrow A$ が真ではない場合も存在する．つまり，$B \Longrightarrow A$ は偽である．このとき，B（n は偶数である）が真であることは A（n は 6 の倍数である）が真となるための必要条件である．このことは，むしろ $\neg B$ と $\neg A$ の関係で考えると理解できる．$\neg B$（n は偶数ではない：つまり，n は奇数である）が真であるならば，n は 6 の倍数にはならないので，A（n は 6 の倍数である）は偽である．つまり，$\neg A$（n は 6 の倍数ではない）が真である．したがって，A が真であるためには B が真でなければならない（少なくとも B が真であることが必要である：6 の倍数を考える場合には偶数の中で考える必要がある，ということである）．

1.5.4 必要性あるいは十分性の証明

上記の表記法に従えば，「B ならば A」は $B \Longrightarrow A$ と表記するが，場合によっては $A \Longrightarrow B$ と対比させるために $A \Longleftarrow B$ と表記することもある．

「$A \Longleftrightarrow B$ が真であること」は，$A \Longrightarrow B$ と $B \Longrightarrow A$ がともに真であることと等価である．つまり，

$$(A \Longleftrightarrow B) \Longleftrightarrow ((A \Longrightarrow B) \wedge (B \Longrightarrow A)).$$

A に着目して B との等価性を考える．$A \Longleftrightarrow B$ が真であるとき，「$A \Longrightarrow B$ が真であること」を証明することを「$A \Longleftrightarrow B$ が真であること」の**必要性** (necessity) の証明という（B は A が真であるための必要条件であることを示すこと）．また，「$B \Longrightarrow A$ が真であること」を証明することを「$A \Longleftrightarrow B$ が真であること」の**十分性** (sufficiency) の証明という（B は A が真であるための十分条件であることを示すこと）．通常は，「$A \Longleftrightarrow B$ が真であること」を省略して，単に必要性あるいは十分性の証明ということが多い．

論理式の項で説明した通り，

$$(A \Longrightarrow B) \Longleftrightarrow (\neg A \vee B)$$

なる関係があるが，B が真であることの証明は，真である A に対して $A \Longrightarrow B$ が真となるこ

とを示すことであるので，A が真であるときに B が真になることを示す．同様に，$B \Longrightarrow A$ については，B が真であるときに A が真となることを示す．必要十分条件の証明とは，$A \Longrightarrow B$ と $B \Longrightarrow A$ がともに真となることを示すことである．$(A \Longrightarrow B) \land (B \Longrightarrow A)$ が真であることを，「A が成り立つための必要十分条件は B が成り立つことである」あるいは「A であるための必要十分条件は B である」などと表現する．また，「命題 A と B は同値である」などと表現することもある．

1.6 証明論法

ここでは，いくつかの証明原理とそれらの関係を説明する．具体的には，証明論法としてよく用いられる**数学的帰納法** (mathematical induction)，**鳩の巣原理** (pigeonhole principle) および**背理法** (proof by contradiction) に着目し，これらについて，具体例を用いて説明する．

1.6.1 証明の原理

すでに前節でも述べたが，ここで再度，証明の原理について説明しておく．

(1) **直接法あるいは三段論法**

1 つの命題 B が真であることの証明とは，すでに真であることがわかっているある命題 A に着目して，含意命題 $A \Longrightarrow B$ が真であることを示すことである．これは**直接推論**あるいは**三段論法**（modus ponens；モーダス・ポーネンス）と呼ばれる．

(2) **背理法**

別の証明方法として，**背理法** (proof by contradiction) がある．含意命題 $A \Longrightarrow B$ の結論 B が偽であると仮定すると，仮定 A が偽になることを示す．これにより，$\overline{B}$ が真ならば $\overline{A}$ が真となるので，含意命題 $\overline{B} \Longrightarrow \overline{A}$ が真であることになり，その対偶命題 $A \Longrightarrow B$ は真である．命題 A が真であるから命題 B も真であることが示されたことになる．（1.6.4 項で具体例によってもう少し詳しく説明する．）

1.6.2 数学的帰納法

Prop(n) を整数 n に関する 1 つの命題とする．Prop(n) がすべての正の整数 n に対して成り立つことを証明する方法として，以下の 1，2 の手順による方法がある：

1. Prop(1) が成り立つことを示す；
2. "もし Prop(n) が成り立つならば Prop($n+1$) も成り立つ" ことを任意の正の整数 n に対して示す．

1 を出発点として 2 を繰返し適用すれば，Prop(1)，Prop(2)，$\cdots$ と Prop(n) がすべての正の整数 n について成り立つことの証明を与えることになることがわかる．このような証明法を**数学的帰納法** (mathematical induction)，あるいは簡単に，帰納法と呼ぶ．なお，1 を**帰納法のベース** (basis step)，2 を**帰納法のステップ** (inductive step) と呼ぶことがある．また，

の "もし Prop(n) が成り立つならば" の部分を**帰納法の仮定** (inductive hypothesis) という．2 に関しては

2′. "もし Prop(1), $\cdots$, Prop(n) がすべて成り立つならば Prop($n+1$) も成り立つ" ことを任意の正の整数 n に対して示す

と置き換えてもよい．

例 1.7 "奇数の和 $1 + 3 + 5 + \cdots + (2n-1)$ が n^2 に等しい" ことを数学的帰納法で証明してみよう．すなわち，すべての正の整数 n に対して，

$$\text{Prop}(n) : 1 + 3 + 5 + \cdots + (2n-1) = n^2$$

が成り立つことを示す．

（帰納法のベース）　Prop(1) : $1 = 1^2$　これは確かに成り立つ．
（帰納法の仮定）　Prop(n) : $1 + 3 + 5 + \cdots + (2n-1) = n^2$　これが成り立つと仮定．
（帰納法のステップ）　Prop($n+1$) の証明：

$$1 + 3 + 5 + \cdots + (2n-1) + (2n+1) = n^2 + 2n + 1 = (n+1)^2$$

以上より Prop(n) がすべての正の整数 n に対して成り立つことが証明されたことになる．

1.6.3　鳩の巣原理

鳩の巣原理 (pigeonhole principle) とは，次のような命題をいう：

「$n+1$ 羽の鳩と n 個の巣箱がある．すべての鳩がこれらの巣箱のいずれかに入るとすると，巣箱のうちのどれか 1 つには 2 羽以上の鳩が入っていることになる．」

これを写像を用いて表すと，

「X と Y を $|X| > |Y| > 0$ である 2 つの有限集合とし，f を X から Y への写像とする．このとき，$|f^{-1}(y)| \geq \lceil |X|/|Y| \rceil \geq 2$ なる要素 $y \in Y$ が存在する．ここで，$f^{-1}(y) = \{x \in X \mid f(x) = y\}$ である．」

という命題となる．

あとで鳩の巣原理の証明を示すので，ここでは鳩の巣原理を用いた証明の例を挙げておくことにする．

例 1.8　$S = \{a_1, a_2, a_3, a_4, a_5, a_6\}$ を任意の 6 人の人間とする．以下の (i) または (ii) が成り立つことを示せ（両方が成り立ってもよい）．

(i) S の中の 3 人は互いにすでに会ったことがある．
(ii) S の中の 3 人は互いに初対面である．

（証明）　人間 a_1～a_6 をそれぞれ頂点 ⓐ₁～ⓐ₆ と表し，a_i と a_j がすでに会ったことがある場合

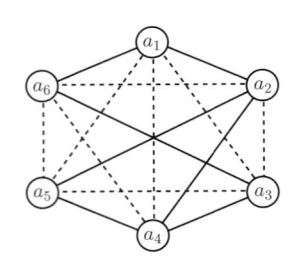

図 1.14　例 1.8 の状況を示す図の一例

には，a_i と a_j を実線で結び，逆に初対面の場合には a_i と a_j を破線で結ぶことにより，この状況を図示してみる．図 1.14 にはその一例を示している（6 人の人間の中にすでに会ったことがある人間が何人いるかで図は異なってくる）．このように構成されたどのような図においても，「実線からなる 3 角形または破線からなる 3 角形が存在する」ということが証明すべきことである（次章以降の用語を用いていえば，「6 点の任意のグラフ G に対して，長さ 3 のサイクルが存在するか，または補グラフ $\overline{G}$ に長さ 3 のサイクルが存在するか，いずれかが成り立つ」ということになる（図 2.11 を参照されたい）．）．

一般性を失うことなく a_1 に着目すると，$a_2 \sim a_6$ の 5 人は a_1 とすでに会ったことがある人間のグループ F と，a_1 とは初対面である人間のグループ N に分割される．$p = |\{a_2, \ldots, a_6\}| = 5$，$q = |\{F, N\}| = 2$ とおくと，5 人の人間を 2 つのグループに分けるので，鳩の巣原理によって，F または N のいずれかは含まれる人数が $\lceil p/q \rceil = \lceil 5/2 \rceil = 3$ 以上である．

(1) $|F| \geq 3$ とする．F の異なる 3 人 a_1', a_2', a_3' について，これらが互いに初対面であるか，あるいは互いにすでに会ったことがある人間が少なくとも 2 人いるか，いずれかである．前者の場合には (ii) が成り立つ．後者の場合には，これら 2 人と a_1 を合わせて，互いにすでに会ったことがある人間が 3 人いることになる．つまり，(i) が成り立つ．

(2) $|N| \geq 3$ とする．N の異なる 3 人 a_1'', a_2'', a_3'' について，これらが互いにすでに会ったことがあるか，あるいは初対面である人間が少なくとも 2 人いるか，いずれかである．前者の場合には (i) が成り立つ．後者の場合には，これら 2 人と a_1 を合わせて，互いに初対面である人間が 3 人いることになる．つまり (ii) が成り立つ．

（以上の，(1), (2) を図 1.14 を用いて言い換えれば，同図には実線からなる 3 角形か，破線からなる 3 角形か，いずれかが含まれることを説明していることになる．各自で図 1.14 をどのように書き換えても，上述のことが成り立つことを確認してみるとよい．）　　　　（証明終り）

1.6.4　背理法

ここで再度，具体例を用いて説明する．前述した通り，A が真であるときに，含意命題 $A \Longrightarrow B$ の対偶 $\neg B \Longrightarrow \neg A$ が真であることを示すことである．そのために，B が偽である（つまり，$\neg B$ が真である）と仮定し，$\neg A$ が真であることを示す（これは「A が真である」ことに矛盾するので，通常は単に「矛盾が生じる」という．）．これにより，その対偶 $A \Longrightarrow B$ が真となり，A は真であるから，B も真となる．

以下で，背理法の具体的な使用例として，鳩の巣原理を背理法によって証明してみよう．

すなわち「$|f^{-1}(y)| \geq \lceil |X|/|Y| \rceil \geq 2$ なる $y \in Y$ が存在する」という命題が真であることを背理法で証明する．

鳩の巣原理の証明

$|X| = p, |Y| = q \ (p > q > 0)$ とおく．いま $|f^{-1}(y)| \geq \lceil p/q \rceil$ となるような $y \in Y$ が存在しないと仮定する．$|f^{-1}(y)|$ は整数であるから，任意の $y \in Y$ に対して，$|f^{-1}(y)| \leq \lceil p/q \rceil - 1$ となる．$Y = \{y_1, \ldots, y_q\}$ とすれば，

$$X = f^{-1}(y_1) \cup \cdots \cup f^{-1}(y_q) \text{ かつ } f^{-1}(y_i) \cap f^{-1}(y_j) = \emptyset \ (1 \leq i < j \leq q)$$

であるから，

$$\begin{aligned} p = |X| &= |f^{-1}(y_1)| + \cdots + |f^{-1}(y_q)| \\ &= \sum_{y \in Y} |f^{-1}(y)| \\ &\leq \sum_{y \in Y} (\lceil p/q \rceil - 1) \\ &= q\lceil p/q \rceil - q \end{aligned}$$

となる．ここで

$$q\lceil p/q \rceil - q < p$$

が証明できれば，$p \leq q\lceil p/q \rceil - q < p$ となって，矛盾（すなわち，$p \geq p$ という正しい命題が成立しない，という矛盾）が生じることになる．すなわち，$|f^{-1}(y)| \geq \lceil p/q \rceil$ となる $y \in Y$ が存在することが示されたことになる．

p を q で割った商（整数）および余りをそれぞれ s および t とおく．すなわち，$p = sq + t$ $(0 \leq t < q)$ とする．

(i) $t = 0$ のとき
$$q\lceil p/q \rceil - q = sq - q = p - q < p.$$

(ii) $t > 0$ のとき
$$q\lceil p/q \rceil - q = q(s+1) - q = sq = p - t < p.$$

いずれの場合にも
$$q\lceil p/q \rceil - q < p$$

である． （証明終り）

この具体例では，「すべての整数 p は，$p \geq p$ を満たす」が命題 A である．この命題は真である（注意 1.5 参照）．その否定 $\neg A$ は「$p \geq p$ を満たさない整数 p が存在する（つまり $p < p$ なる整数 p が存在する）」である．いま，証明すべき命題 B「$|f^{-1}(y)| \geq \lceil p/q \rceil$ となる $y \in Y$ が存在する」を偽（つまり，$\neg B$ が真）と仮定すると，「$p < p$ なる p が存在する」なる命題が真となる．すなわち，$\neg A$（$p < p$ なる整数 p が存在する）が真となる．$\neg B$ が真ならば $\neg A$ が

真であるから，含意 $\neg B \implies \neg A$（すなわち，「$f^{-1}(y) \geq \lceil p/q \rceil$ なる $y \in Y$ は存在しない」が真ならば「$p < q$ なる整数 p が存在する」が真である，という命題）が真であることになり，その対偶 $A \implies B$ が真となる．A は真であるから，B は真である．これで証明すべき命題 B「$f^{-1}(y) \geq \lceil p/q \rceil$ を満たす $y \in Y$ は存在する」が真であることが示されたことになる．

注意 1.6 上記の説明では，真である命題 A をはじめに用意しているように思われるかもしれないが，実際には，$\neg B$ が真であると仮定すると真である命題（あるいは事実）に矛盾することが生じることを示せばよい．この真である命題（あるいは事実）を A と考えればよい．

演習問題

設問 1 任意の正の整数 a, b に対して，以下を証明せよ．
$$\lceil a/b \rceil = \lfloor (a+b-1)/b \rfloor$$

設問 2 次の命題 1.1 を証明せよ．

命題 1.1 r を正の整数とし，$a_r, a_{r-1}, \ldots, a_1, a_0$ を定数とする．n の多項式 $p(n) = a_r n^r + a_{r-1} n^{r-1} + \cdots + a_1 n + a_0$ について，十分大きな正の数 n に対しては，$p(n) \leq c n^r$ となる定数 c が存在する．

設問 3 次の命題 1.2 を以下の手順 (1)〜(3) により証明せよ．

命題 1.2 正の整数 n に対して，$f(n) = n/\log_2 n$ とおくとき，$f(n)$ には上界が存在しない．すなわち，任意の正の定数 M に対して，ある正の整数 n_0 が存在して，$n > n_0$ なる任意の整数 n に対して，$f(n) > M$ となる．

(1) $d > 5$ なる整数 d に対して，$2^d > (d+1)^2$ を示す．
(2) $n \geq 64$ なる整数 n に対して，$n^{1/2} > \log_2 n$ を示す．
(3) $M \geq 8$ なる任意の定数 M に対して，以下のような正の整数 n_0 が存在することを示す：
 $n > n_0$ なる任意の整数 n に対して，$f(n) > M$．

設問 4 命題 1.1 と命題 1.2 がともに真であるとき，次の定理 1.1 を背理法で証明せよ．

定理 1.1 "2^n は $O(p(n))$ である"（すなわち，十分大きな正の数 n に対して，$2^n \leq c \cdot p(n)$ となる定数 c があること）を満たす多項式 $p(n) = a_r n^r + a_{r-1} n^{r-1} + \cdots + a_1 n + a_0$ は存在しない．ここで，$a_r, a_{r-1}, \cdots, a_1, a_0$ は定数係数である．

注意 1.7 上記の定理の系として以下が得られる．

系 1.1 k を $k \geq 2$ なる定数とする．このとき，"k^n は $O(p(n))$ である"を満たす多項式 $p(n) = a_r n^r + a_{r-1} n^{r-1} + \cdots + a_1 n + a_0$ は存在しない．

演習問題のヒント

設問 1 のヒント

以下のことに着目する．

(1) $a < b$ のときは $\lceil a/b \rceil = 1$．
(2) $a \geq b$ かつ $a/b = k$（k は正の整数）のときは $\lceil a/b \rceil = k$．
(3) $a \geq b$ かつ $a/b = k + \alpha$（k は正の整数で $0 < \alpha < 1$）のときは $\lceil a/b \rceil = \lceil k + \alpha \rceil = k + 1$．

設問 3 のヒント

(1) d に関する帰納法で証明する．
(2) $2^d \leq n$ なる最大整数 d に着目する．
(3) $n_0 = M^2$ とおいて，$n > n_0 = M^2 \geq 64$ なる任意の整数 n に対して，(2) を用いる．

設問 4 のヒント

否定命題「"2^n は $O(p(n))$ である"を満たす多項式 $p(n) = a_r n^r + a_{r-1} n^{r-1} + \cdots + a_1 n + a_0$ が存在する．」が正しいと仮定すると，矛盾が生じることを示す．

参考文献

[1] 赤間，玉城，長田，「情報数学入門」，共立出版 (2007)．

[2] 浅野孝夫，「情報数学 –組合せと整数およびアルゴリズム解析の数学–」，計測・制御テクノロジーシリーズ 20（計測自動制御学会編），コロナ社 (2009)．

[3] 浅野孝夫，「離散数学 –グラフ・束・デザイン・離散確率–」，ライブラリ情報学コア・テキスト 2，サイエンス社 (2010)．

[4] K. H. Rosen, "Discrete Mathematics and its Applications, 3rd Ed.," McGraw-Hill, NY, USA (1995).

[5] J. Truss, "Discrete Mathematics for Computer Scientists, 2nd Ed.," Addison-Wesley Longman, England, UK (1999).

第2章
グラフに関する諸定義と基本的性質

□ 学習のポイント

本章では，グラフとは何かを述べ，その使用例とともにグラフに関する用語を説明する．グラフに関する用語は必ずしも統一されているとはいえない．以下では，最も一般的と思われる用語を必要なものに限って説明する．主に無向グラフに関する用語を説明し，有向グラフに関しては違う部分だけを補足する形をとる．この章の目標は以下の通りである．

- グラフ，パス，サイクル，木，連結性，などの基本的な用語や意味を理解する．
- 点や辺の除去，辺の縮約，細分，などのグラフ変形操作，および完全グラフ，2 部グラフ，などの種々の特徴をもつグラフに関する知識を得る．また，グラフの行列表現についても理解する．
- グラフは種々の問題を定式化あるいはモデル化する場合，あるいは物事を視覚的に表現する場合など，種々の状況において有用であることを理解する．

□ キーワード

グラフ，隣接と接続，同形，点次数，ウォーク，トレイル，パス，連結性，サイクル，木，切断点，橋，完全グラフ，2 部グラフ，隣接行列，接続行列

2.1 グラフとは

グラフ (graph) は，点集合 V と辺集合 E の組として $G = (V, E)$ と表される．ここでは特に断らない限り点 (vertex) の集合 V は有限集合（ただし，空集合もあり得る）とする．辺 (edge) は V の中の 2 点を結ぶ線分として表され，向き（通常は矢印で表すことが多い）がある場合とない場合がある．前者を**有向グラフ** (directed graph)，後者を**無向グラフ** (undirected graph) と呼ぶ．辺は**枝**あるいは**ブランチ** (arc or branch) などと呼ばれることもある．なお，V あるいは E をそれぞれ $V(G)$ あるいは $E(G)$ と表す場合もある．

図 2.1 にグラフの例を示す．同図 (1), (2) は有向グラフの例，同図 (3), (4) は無向グラフの例である．(2) における有向辺 a, a' あるいは (4) における無向辺 a, a' などのように同一の点対間に複数の辺がある場合，これらを**多重辺** (multiple edges) あるいは**並列辺** (parallel edges) という．(2) の有向辺 c, c' は多重辺ではないことに注意しよう．特別な場合として，(2), (4) の辺 e のように同一の点を結ぶ辺を**自己ループ** (self-loop)（または，ループ）と呼ぶ．多重辺が存在

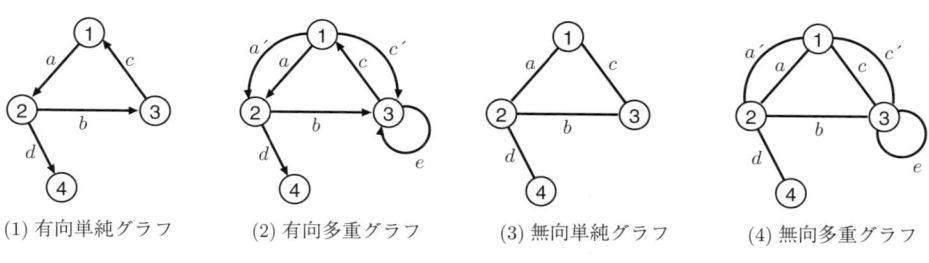

(1) 有向単純グラフ　　(2) 有向多重グラフ　　(3) 無向単純グラフ　　(4) 無向多重グラフ

図 **2.1**　グラフの例

(1)ブタン　　　　　　　　　　　(2)イソブタン

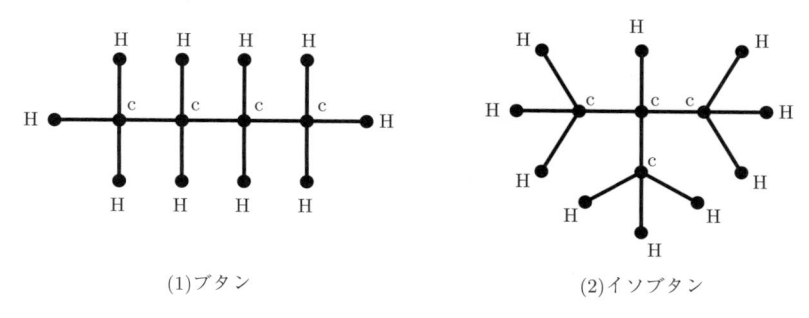

図 **2.2**　化学異性体ブタンとイソブタン

するグラフを特に**多重グラフ** (multigraph) と呼ぶことがある．多重辺も自己ループも存在しないグラフを**単純グラフ** (simple graph) と呼ぶ．通常は点や辺に名前（ラベル）を付けておく．2 点 u,v を結ぶ無向辺を $\{u,v\}$ または uv あるいは名前を付けて $e = \{u,v\}$ または $e = uv$ などと表す．u,v を辺 e の**端点**（endvertex または endpoint）と呼ぶ．たとえば図 2.1(3) では点集合 $V = \{1,2,3,4\}$，辺集合 $E = \{a = \{1,2\}, b = \{2,3\}, c = \{3,1\}, d = \{2,4\}\}$ である．

なお，有向辺の場合にはどの点（**始点**：tail）から出てどの点（**終点**：head）に向かうかを示す必要がある．ここでは始点を左側に，終点を右側に書くことにしている．すなわち，u から v に向かう有向辺を uv あるいは $e = uv$，さらには (u,v) あるいは $e = (u,v)$ と表す．uv という表現は無向辺と有向辺に共通的に使用するために採用している．無向辺の場合には点対をどの順に書いてもよい．多重辺の場合にはその点対を書いただけではどの辺か区別がつかないので，同図 (2) の a, a' のように辺にも名前を付けておく必要がある．また，点や辺には**重み** (weight) や**コスト** (cost) と呼ばれる数値が割り当てられることもあり，点重み付きグラフ，あるいは辺重み付きグラフなどと呼ばれる．

2.2　グラフの使用例

グラフは種々の問題を定式化あるいはモデル化する場合，あるいは物事を視覚的に表現する場合など，種々の状況で有用となる．2 つほど例を挙げておこう．

ブタンとイソブタンは同じ C_4H_8 なる化学式であるが異なる性質をもち，化学異性体と呼ばれる．図 2.2 は，それぞれブタンおよびイソブタンの水素原子 (H) と炭素原子 (C) の結合状況を示すグラフであり，結合の違いが視覚的に表現されている．図 2.3 は C_6H_{12} なる化学式をも

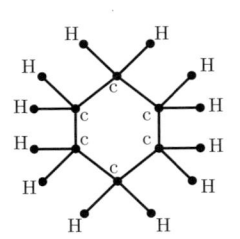

図 2.3 サイクロヘキサン C_6H_{12}

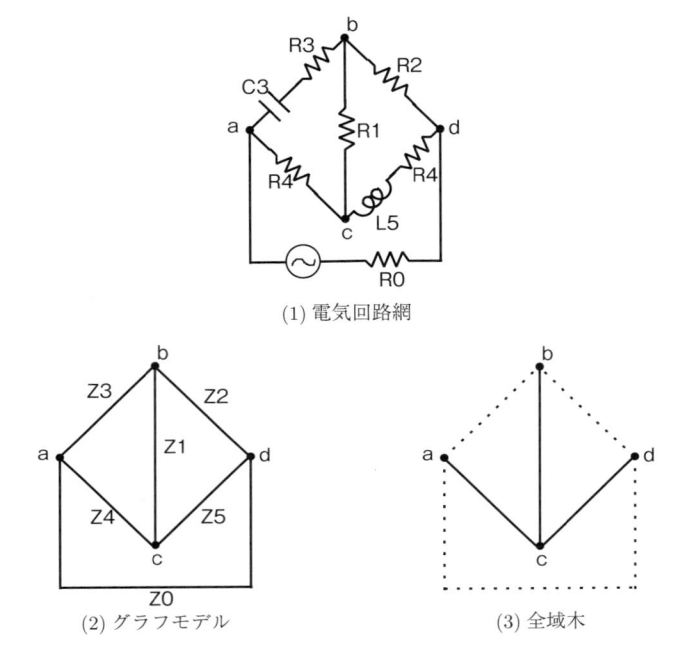

(1) 電気回路網

(2) グラフモデル (3) 全域木

図 2.4 電気回路網とそのグラフモデルおよび全域木

つサイクロヘキサンの結合状況を示すグラフである．化学式を表現するグラフは**外平面的グラフ**（outerplanar graph：定義は第 6 章を参照）となることが多い．

また，図 2.4(1) には簡単な電気回路網を示している．指定した 2 点間の電圧（電位差）やそれらを結んでいる配線に流れる電流などを求める場合，これらを未知数として，回路方程式をつくる．一般的には，連立一次方程式となるが，どのようにして必要最小限の（すなわち独立な）方程式をつくるかが重要となる．その際には，同図 (2) に示すように，回路をグラフとして表現し，その全域木（同図 (3)）を 1 つ求める．（全域木の定義は 2.7 節などを参照．）さらに，この全域木に含まれない辺（補木辺：図では破線で示している）の各々について，補木辺を木に付加すると定まるサイクル（回路理論などでは閉路ともいう）に対して方程式を作成する．これらが必要最小限の方程式となることが知られている．

2.3 部分グラフ

グラフ $G = (V, E)$ において,部分集合 $V' \subseteq V$, $E' \subseteq E$ により定まるグラフ $G' = (V', E')$ を G の**部分グラフ** (subgraph) と呼ぶ.ただし,V' は E' に含まれる辺の両端点の集合を含む:$\{u, v \in V \mid \{u, v\} \in E'\} \subseteq V'$.たとえば図 2.1(3) においては $V' = \{1, 2, 3\}$, $E' = \{a, b, c\}$ は部分グラフをなす.ここで,$V' = \{u, v \in V \mid \{u, v\} \in E'\}$ のときには,G' のことを特に (G における) E' による (辺) **誘導部分グラフ** (induced subgraph by E') ということもある.これを,$G[E']$ と表記する.一方,点の部分集合 $V' \subseteq V$ も $E'' = \{\{u, v\} \in E \mid u, v \in V'\}$ としてグラフ $G'' = (V', E'')$ を定め,これを (G における) V' による (点) **誘導部分グラフ** (induced subgraph by V') と呼び,$G[V']$ と表記する.

2.4 隣接,接続,同形

辺 $e = uv$ について,e が無向辺のとき,u と v は**隣接する** (adjacent) といい,e が有向辺のとき,u および v をそれぞれ e の始点および終点という.いずれの場合も e は u および v に**接続する** (incident) という.また,e は u からの出辺,v への入辺ということもある.

$G_i = (V_i, E_i)$ $(i = 1, 2)$ を 2 つの単純グラフとし,写像 $\varphi: V_1 \to V_2$ が次の条件を満たすとき,φ を G_1 から G_2 への**同形写像** (isomorphism または isomorphic mapping) という:

1. φ は V_1 から V_2 への全単射写像である.
2. (隣接性の保存) $uv \in E_1 \iff \varphi(u)\varphi(v) \in E_2$.(ただし,有向辺の場合は向きを維持)

G_1 から G_2 への同形写像が存在するとき,G_1 と G_2 は**同形である** (isomorphic) といい,$G_1 \simeq G_2$ と表記することがある.なお,簡単のため,$G_1 \simeq G_2$ であることを単に「G_1 は G_2 である」などと表現するときもある.$V_1 = V_2$ とおいたときには,**自己同形写像** (automorphism または automorphic mapping) という.

注意 2.1 多重辺や自己ループをもつグラフ間の同形性も定義できるが,ここでは省略する.

2.5 点次数

無向グラフにおいて 1 点 u に接続する辺の本数を u の**点次数** (degree) (あるいは簡単に,**次数**) という.グラフ G を明示して $d_G(u)$,または G を省略して $d(u)$ と表す.通常は無向辺の場合は自己ループは除外して考えるが,1 本の自己ループが次数 2 をもつと考えるときもある.有向グラフの場合は,点 u に接続する出辺数あるいは入辺数をそれぞれ点 u の**出次数** (outdegree) あるいは**入次数** (indegree) と呼び,それぞれ $od_G(u)$ あるいは $id_G(u)$ と表す.**最大次数** (maximum degree) を $d_{G_{max}}$,**最小次数** (minimum degree) を $d_{G_{min}}$ と表す.G が明らかな場合には,それぞれ d_{max}, d_{min} と表記する.すべての点次数が同一であるグラフを**正規グラフまたは正則グラフ** (regular graph) という.

無向グラフ $G = (V, E)$ の辺数と点次数には次の関係がある.

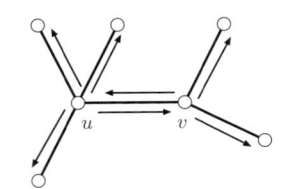

図 2.5 次数における辺 $\{u,v\}$ の数え方

定理 2.1 （握手定理：Handshaking Lemma）任意の無向グラフ $G=(V,E)$ において次の関係が成り立つ：

$$\sum_{x\in V} d_G(x) = 2|E|$$

（証明）任意の辺 $\{u,v\}$ に対して，u を端点とする $d_G(u)$ 本の各辺 $\{u,u_i\}$ $(i=1,2,\cdots,d_G(u))$ に u から u_i に向かう矢印を付けてみる．同様に，v を端点とする $d_G(v)$ 本の辺 $\{v,v_j\}$ $(j=1,2,\cdots,d_G(v))$ に v から v_j への矢印を付けてみる．辺 $e=\{u,v\}$ には u から v へ，v から u へちょうど 2 つの矢印が付く（図 2.5 参照）．この操作をすべての辺について実行してみれば各辺にちょうど 2 つずつ矢印が付くことになる．矢印の総数を計算すると，「次数の合計として計算した総数」と「各辺に 2 本ずつと考えて計算した総数」が等しいので，

$$\sum_{x\in V} d_G(x) = 2|E|$$

となる． （証明終り）

注意 2.2 同様に考えると，有向グラフ $G=(V,E)$ の場合には，

$$\sum_{x\in V} id_G(x) = \sum_{x\in V} od_G(x) = |E|$$

が成り立つことがわかる．

2.6 ウォーク，トレイル，パス，連結性，サイクル

図 2.1(1) において，点 1，辺 a，点 2，辺 d，点 4，というように点とそれに接続する有向辺の交代列を（点 1 から 4 への）**有向ウォーク** (directed walk) と呼ぶ．有向遊歩道と呼ぶこともある．また，点 4 は点 1 から**到達可能である** (reachable) という．同図 (3) において同様に，点 1，辺 a，点 2，辺 d，点 4，という点と無向辺の交代列を**無向ウォーク** (undirected walk)，あるいは単に**ウォーク** (walk) と呼ぶ．いずれの場合も含まれる辺の総数をそのウォークの**長さ** (length) という．点は重複して現れるかも知れないが辺は重複しないウォークを**トレイル** (trail) と呼ぶ．さらに点が重複して現れることのないトレイルを**パス** (path) と呼ぶ．2 点 u,v を結ぶウォーク，トレイル，パスをそれぞれ u–v ウォーク，u–v トレイル，u–v パスと呼ぶ．このとき，向きの有無を示すために，各々の前に有向，無向なる用語を追加するときもある．これらを，無

向の場合には $u - v_1 - v_2 - \cdots - v_{k-1} - v$, 有向の場合には $u \to v_1 \to v_2 \to \cdots \to v_{k-1} \to v$ と表すことがある．必要に応じて，$v_{i-1} - v_i$ あるいは $v_{i-1} \to v_i$ をそれぞれ $v_{i-1} \stackrel{e_i}{-} v_i$ あるいは $v_{i-1} \stackrel{e_i}{\to} v_i$ と表記することもある．

u から v への有向パスと v から u への有向パスがともに存在するとき，u と v は**強連結である** (strongly connected) という．任意の 2 点間が強連結である有向グラフを**強連結グラフ** (strongly connected graph) という．強連結な部分グラフで極大な（つまり，これ以上，点や辺を含ませると強連結でなくなる）ものを**強連結成分** (strongly connected component) という．（場合によっては，簡単のため，このような点集合も強連結成分ということもある．）u と v を結ぶ無向パスが存在するとき，u と v は**連結である** (connected) という．任意の 2 点間が連結である無向グラフを**連結グラフ** (connected graph) という．その間に無向パスが存在しないような 2 点が存在するグラフを**非連結グラフ** (disconnected graph) という．連結な部分グラフで極大な（つまり，これ以上点や辺を含ませると非連結となる）ものを**連結成分** (connected component) と呼ぶ．

注意 2.3 「$u\, R_s\, v \iff u$ と v は強連結である」なる有向グラフの点集合上の 2 項関係 R_s, および「$u\, R_c\, v \iff u$ と v は連結である」なる無向グラフの点集合上の 2 項関係 R_c は，いずれも同値関係である．（R_s については例 1.5 参照．）

仮に図 2.1(3), (4) を合わせて 1 つのグラフと考えると，これは非連結グラフであり，(3), (4) の各々がその場合の連結成分である．連結成分が 1 点のみからなる場合は次数が 0 の 1 点か自己ループのみが接続する 1 点のいずれかである．次数が 0 である各点を**孤立点** (isolated vertex) と呼ぶ．有向グラフにおいて，有向パスと同様な点と辺の交代列であるが辺の向きが必ずしも順方向に揃っていない場合（つまり，辺の向きを無視したものがパスとなる場合）を**半パス** (semipath) と呼ぶことがあり，任意の 2 頂点が半パスで結ばれている有向グラフを**弱連結グラフ** (weakly connected graph) という場合がある．有向グラフの各辺を，向きを無視してすべて無向辺に置き換えてできるグラフを（この有向グラフの）**基礎グラフ** (underlying graph) と呼ぶことがある．

ウォーク，トレイル，パスそれぞれの始めと終りの点が等しい場合を**クローズドウォーク** (closed walk), **サーキット** (circuit), **サイクル** (cycle) と呼ぶ．含まれる辺数をそれぞれの長さという．同様に，**有向クローズドウォーク** (directed closed walk), **有向サーキット** (directed circuit), **有向サイクル** (directed cycle) も定義される．ただし，長さが 1 の場合は自己ループであるので，通常は長さは 2 以上とする．さらに無向グラフの場合には長さ 2 のサイクルは多重辺であるので，通常は長さは 3 以上とする．

グラフのすべての点を重複すること無く一度ずつ含むパスあるいはサイクルをそれぞれ**ハミルトンパス** (Hamilton path) あるいは**ハミルトンサイクル** (Hamilton cycle) という．また，グラフのすべての辺を重複すること無く一度ずつ含むトレイルあるいはサーキットをそれぞれ**オイラートレイル** (Euler trail) あるいは**オイラーサーキット** (Euler circuit) と呼ぶ．

辺を共有しない 2 つのパスは互いに**辺素** (edge-disjoint) であるという．また，両端点以外に点を共有しない 2 つのパスは互いに**内素** (internally disjoint) であるという．

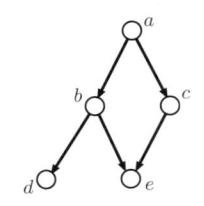

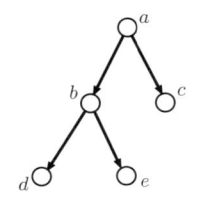

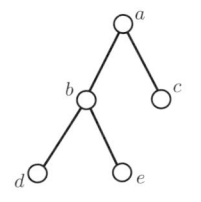

(1) （有向）サイクルをもたない　(2) 有向木（有向サイクル無し）　(3) 無向木（サイクル無し）
　　　有向グラフ

図 2.6　サイクルを持たないグラフの例

2.7　非サイクル的グラフ，木

　サイクルをもたないグラフを**非サイクル的である** (acyclic) という（図 2.6(1)-(3)）．この中で有用なグラフとして**木** (tree) がある．有向グラフの場合の木を**有向木** (directed tree) と呼ぶ．これは，**根** (root) と呼ばれる点が 1 個存在し，この点の入次数は 0，他の点は根から到達可能でかつ各々の入次数が 1 である，と定義される（同図 (2) の点 a が根である）．出次数が 0 の点を葉と呼ぶ（同図 (2) の点 c, d, e）．無向グラフの場合の木は，サイクルをもたない連結グラフとして定義される（同図 (3)）．木の辺数 $|E|$ と点数 $|V|$ の間には，$|E| = |V| - 1$ なる関係がある．点次数が 1 の点を**葉** (leaf) と呼ぶ（同図 (3) の c, d, e）．辺を含む木は必ず 2 個以上の葉をもつ．グラフのすべての点を含む木を**全域木** (spanning tree) と呼ぶ．（この辺りの詳細は，第 5 章を参照されたい．）無向木の場合も 1 点を選んでこれを根と読んで特別な点として扱うことがある．有向木，無向木いずれでも根をもつことを強調して**根付き木** (rooted tree) と呼ぶことがある．根付き木において，点 v の**深さ** (depth) とは根から v までのパス（唯一本存在する）の長さのことである．また，点 v の**高さ** (height of a node) とは，v から葉までのパス（一般的には複数あり得る）の長さの最大値である．**木の高さ** (height of a tree) とは，根の高さのことである．たとえば，図 2.6 の (3) において，点 a を根とすると，点 b および e の深さはそれぞれ 1 および 2 である．また，点 a の高さは 2 であり，これがこの木の高さである．

　通常は，同図 (2), (3) に示すように，根を最上部に置き，下方に他の点を置いていく．隣接する 2 点，たとえば (2), (3) の 2 点 a, b では，a を b の**親** (parent)，b を a の**子**（または子供）(child) と呼ぶ．どの点においても子の個数が高々 d (≥ 1) であるとき，**有向 d 分木** (directed d-ary tree) あるいは d **分木** (d-ary tree) と呼ぶ．

2.8　辺や点の除去，ブロック

　図 2.1(3) のグラフを例に用いて説明する．図 2.7(1) にそれを再掲する．**辺の開放除去** (edge-deletion または edge-removal) とは，その辺を取り去ることである（図 2.7(2)）．**辺の縮約**（または**縮約除去**）(contraction または shrinking) とは，その辺をまず開放除去し，さらに両端点を 1 点に縮約する操作である（同図 (3)）．一方，**点の除去** (vertex-removal, vertex-deletion) と

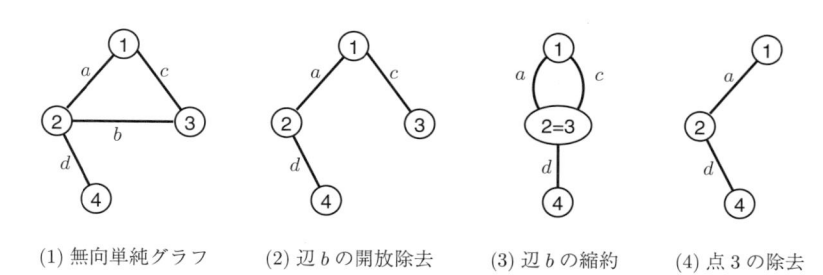

(1) 無向単純グラフ　(2) 辺 b の開放除去　(3) 辺 b の縮約　(4) 点 3 の除去

図 **2.7**　図 2.1(3) の無向グラフ（(1) に再掲）における辺や点の除去

はその点を取り去るとともにそこに接続するすべての辺を開放除去することである（同図 (4)）．辺の開放除去や点の除去によってグラフが非連結になる場合があるが，辺の縮約はグラフの連結性は保持する．それを除去すること，あるいはそれを開放除去することによって連結成分数が 1 以上増加する点あるいは辺をそれぞれ**切断点** (separation vertex または cut vertex または articulation vertex)，**橋** (bridge) と呼ぶ．橋は**切断辺** (cut edge) と呼ぶこともある．複数の点あるいは辺の除去も同様に考えればよく，それぞれ**切断点集合** (separation vertex set) あるいは**切断辺集合**（separation edge set; **カットセット** (cut set) と呼ぶこともある）が定義できる．辺集合 E' の縮約も，すべての辺 $e \in E'$ の縮約を同時に実行することで定められる．グラフ G に対して，辺集合 E' の開放除去あるいは縮約により構成されるグラフをそれぞれ $G - E'$ あるいは $G\langle E'\rangle$ と表す．また，点集合 V' の除去により構成されるグラフを $G - V'$ と表す．$E' = \{e\}$ あるいは $V' = \{v\}$ のときには，これらを $G - e$, $G\langle e\rangle$, $G - v$ と表記する．

ある切断点 v を除去すると非連結になる 2 点 x, y について，「点 v は x と y を**分離**する (separate)」，あるいは「x と y は**可分**である (separable) 」などと表現する．逆に，任意の 1 点を除去しても連結であるような 2 点 x, y については「x と y は**分離できない**」，あるいは「x と y は**非可分**である (nonseparable)」などと表現する．互いに非可分な点を集めた集合で極大なもの（非可分な極大点集合）に着目し，その点誘導部分グラフ（場合によっては，簡単のため，その点集合）を**ブロック** (block) あるいは**非可分成分** (nonseparable component) と呼ぶ．図 2.8 (1) のグラフ G に対して，そのブロックは同図 (2) に示すように 4 つ存在する．ブロックに共通する点が切断点であり，切断点は 2 つ以上のブロックに共有される．

2.9　いくつかの特徴をもつグラフ

グラフ理論でしばしば現れる基本的なグラフのいくつかを実例を用いながら説明する．主に無向グラフを取り上げる．グラフ $G = (V, E)$ について，$E = \emptyset$ のとき，**空グラフ** (null graph) と呼ぶ．$V = \emptyset$ かつ $E = \emptyset$ では何も議論できないので，通常は $V \neq \emptyset$ なる場合を考える（図 2.9 参照）．また，異なる任意の 2 点間に辺があるグラフを**完全グラフ** (complete graph) といい，$|V| = n$ とするときには K_n と表す（図 2.10 参照）．$G = (V, E)$ が単純グラフのとき，辺集合 $\overline{E} = \{\{u, v\} \mid u$ と v は G で非隣接である $\}$ によって定まるグラフ $\overline{G} = (V, \overline{E})$ を G の**補グラフ** (complement) という．図 2.11 に G と $\overline{G}$ の例を示す．（なお，同図は第 1 章の図 1.14

(1) グラフ $G=(V,E)$

(2) G の4つのブロック

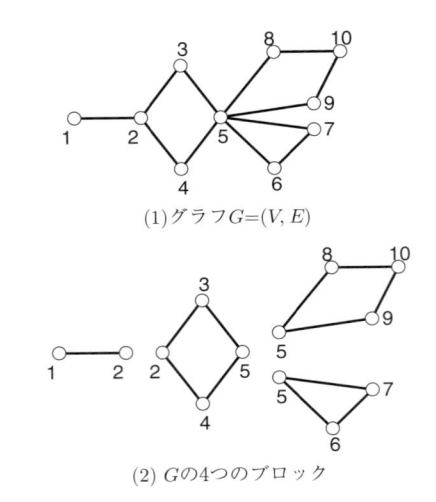

図 **2.8** 切断点をもつグラフ $G(V,E)$ とそのブロック

図 **2.9** $V=\{1,2,3\}$ なる空グラフ

図 **2.10** 完全グラフ K_5

$G=(V,E)$

$\overline{G}=(V,\overline{E})$

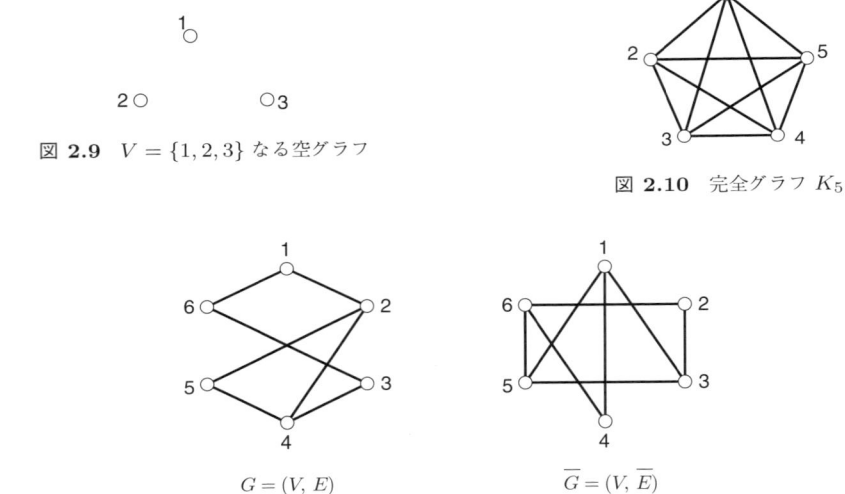

図 **2.11** 単純グラフ G とその補グラフ $\overline{G}$ の一例.（図 1.14 の実線部分が G であり，同図の破線部分が $\overline{G}$ である.）

の実線部分と破線部分に対応する.）点集合が $V = X \cup Y$ $(X \neq \emptyset, Y \neq \emptyset, X \cap Y = \emptyset)$ と2分割され，辺はすべて X の点と Y の点を両端点とするグラフを**2部グラフ** (bipartite graph) という（図2.12参照）．特に X と Y のすべての点対の間に辺が存在するときには**完全2部グラフ** (complete bipartite graph) と呼び，$|X|=p$, $|Y|=q$ のときに $K_{p,q}$ と表記する（図2.13参照）．点数 n の1つのサイクルのみからなるグラフを**サイクルグラフ** (cycle graph) と呼び，C_n と表記する（図2.14参照）．C_n に新しく1点 v を追加し，さらに v と C_n 上の各点を1本の辺で結ぶことにより構成されるグラフを**車輪グラフ** (wheel) と呼び，W_{n+1} と表記する（図2.15参照）．このとき C_n をリム (rim)，v をハブ (hub)，v と C_n 上の点を結ぶ辺のこ

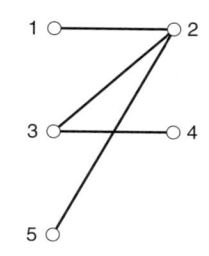

図 2.12　$X = \{1,3,5\}, Y = \{2,4\}$ なる 2 部グラフ 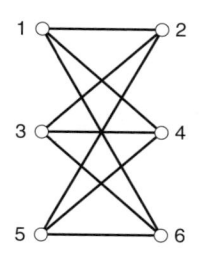　　図 2.13　$|X| = |Y| = 3$ なる完全 2 部グラフ $K_{3,3}$

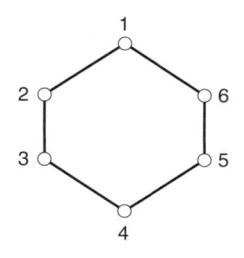

図 2.14　サイクルグラフ C_6 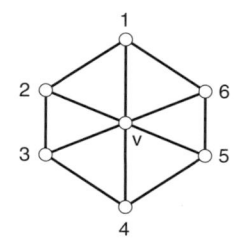　　図 2.15　車輪グラフ $W_7 = C_6 + v$

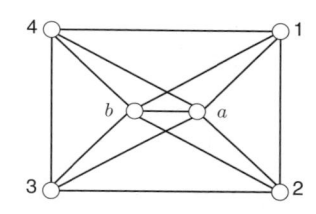

図 2.16　C_4 と K_2 の結び $C_4 + K_2$　($\{1,2,3,4\}$ が C_4 の点集合で，$\{a,b\}$ が K_2 の点集合である．)

とをスポーク (spoke) と呼ぶ．C_n と v を明示して，$W_{n+1} = C_n + v$ と表現することもある．

一般に，点素な（つまり，$V_1 \cap V_2 = \emptyset$ なる）2 つの無向グラフ $G_i = (V_i, E_i)$ $(i = 1, 2)$ に対して，G_1 と G_2 の結び (join) $G = G_1 + G_2$ を次のように定義する：

$V(G) = V(G_1) \cup V(G_2)$;

$E(G) = E(G_1) \cup E(G_2) \cup \{\{u,v\} \mid u \in V(G_1), v \in V(G_2)\}$.

図 2.16 に C_4 と K_2 の結び $C_4 + K_2$ を示す．なお，この表現を上記の W_{n+1} に適用すれば，K_1 が 1 点 v からなる自明な完全グラフであるので，$W_{n+1} = C_n + K_1$ と表現できる．上記では K_1 を v と表記する形で $W_{n+1} = C_n + v$ と表現していることになる．

2.10　グラフと行列表現

グラフの行列表現について言及しておこう．簡単のため無向グラフについてのみ説明する．$G = (V, E)$, $|V| = p$, $|E| = q$ とする．

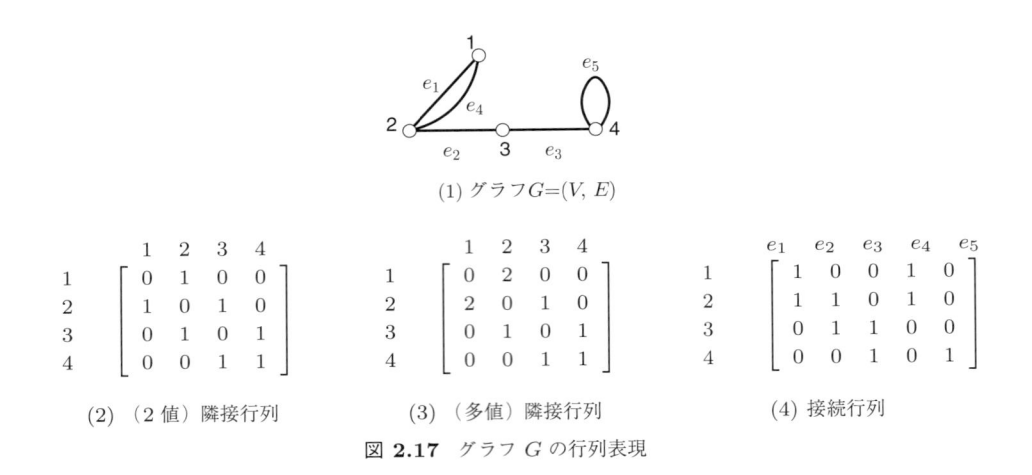

$$
\begin{array}{c}
\text{(1) グラフ } G=(V,E)
\end{array}
$$

$$
\begin{array}{c}
\begin{array}{cc} & \begin{array}{cccc}1&2&3&4\end{array}\\ \begin{array}{c}1\\2\\3\\4\end{array} & \left[\begin{array}{cccc}0&1&0&0\\1&0&1&0\\0&1&0&1\\0&0&1&1\end{array}\right]\end{array}\\
\text{(2) (2値) 隣接行列}
\end{array}
\qquad
\begin{array}{c}
\begin{array}{cc} & \begin{array}{cccc}1&2&3&4\end{array}\\ \begin{array}{c}1\\2\\3\\4\end{array} & \left[\begin{array}{cccc}0&2&0&0\\2&0&1&0\\0&1&0&1\\0&0&1&1\end{array}\right]\end{array}\\
\text{(3) (多値) 隣接行列}
\end{array}
\qquad
\begin{array}{c}
\begin{array}{cc} & \begin{array}{ccccc}e_1&e_2&e_3&e_4&e_5\end{array}\\ \begin{array}{c}1\\2\\3\\4\end{array} & \left[\begin{array}{ccccc}1&0&0&1&0\\1&1&0&1&0\\0&1&1&0&0\\0&0&1&0&1\end{array}\right]\end{array}\\
\text{(4) 接続行列}
\end{array}
$$

図 2.17 グラフ G の行列表現

2.10.1 隣接行列

（2値）**隣接行列** (adjacency matrix) は，2点間が隣接しているか否かを2値1と0で表現する $p\times p$ 行列である．行，列ともに点集合に対応する．図2.17(1)のグラフ $G=(V,E)$, $V=\{1,2,3,4\}$, $E=\{e_1,e_2,e_3,e_4,e_5\}$ に対する2値隣接行列を同図(2)に示す．たとえば，点1と点2は辺 e_1 により隣接しているので $(1,2)$ 要素と $(2,1)$ 要素がともに1である．点4の自己ループは $(4,4)$ 要素を1として表現する．一方，点1と点3は隣接していないので，$(1,3)$ 要素と $(3,1)$ 要素はともに0である．2値隣接行列では，図2.17(1)のような多重辺 e_1, e_4 の存在を表現できない．そのため，2点 i と j 間の辺の多重度（多重辺の本数）を (i,j) 要素とする多値隣接行列も考えられる．すなわち，同図(1)のグラフに対して，同図(3)に示すように $(1,2)$ 要素および $(2,1)$ 要素に多重度2を記載する．いずれの隣接行列も対称行列となる．

有向グラフの場合には，たとえば有向辺 (i,j) を (i,j) 要素に1（あるいは多重度）を入れることで表現すれば，隣接行列が構成される．この場合には対称行列になるとは限らない．

2.10.2 接続行列

接続行列 (incidence matrix) は，各点とそこに辺が接続しているかを2値1と0で表現する $p\times q$ 行列である．行が点集合に，列が辺集合に対応する．図2.17の例でいえば同図(4)がその接続行列である．たとえば，点2には辺 e_1, e_2, e_4 が接続しているので $(2,1)$ 要素，$(2,2)$ 要素，$(2,4)$ 要素が1である．一方，辺 e_3 は接続していないので $(2,3)$ 要素は0である．点4の自己ループについては $(4,5)$ 要素を1とする．接続行列は多重辺を表現することができる．

演習問題

設問1 下図のグラフ $G = (V, E)$ に対して，次の (1), (2) に答えよ．

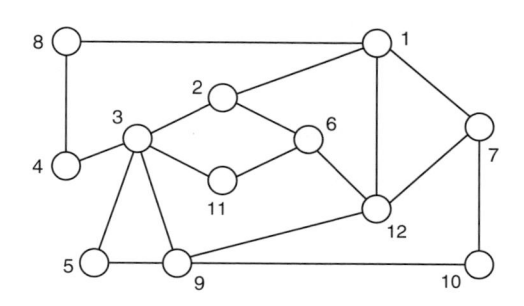

(1) $F = \{\{2,3\}, \{2,6\}, \{3,11\}, \{6,11\}, \{6,12\}, \{7,12\}\} \subseteq E$ および $S = \{1, 2, 3, 4, 7, 8, 9, 10, 12\} \subseteq V$ として，辺誘導部分グラフ $G[F]$ および点誘導部分グラフ $G[S]$ を求めよ．

(2) $G[S']$ が木となるような点集合 $S' \subseteq V$ の中で極大な点集合（つまり，これ以上点を追加すると $G[S'']$ が木ではなくなるような点集合 S'' の一つ）$S_{max} \subseteq V$ を求めよ．

設問2 下図に示す2つのグラフ $G_i = (V_i, E_i)$ ($i = 1, 2$) について，G_1 から G_2 への同形写像 $\varphi : V_1 \to V_2$ を1つ求めよ．

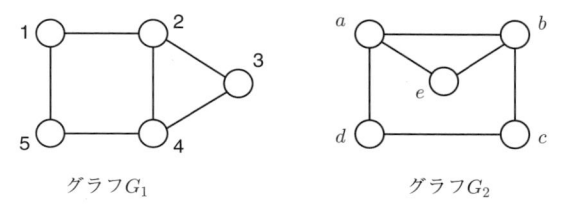

グラフ G_1　　　　グラフ G_2

2つの同形なグラフ G_1 と G_2．

設問3 下図において以下の (1)〜(4) に示すような点と辺の系列を考える．各々について，ウォーク，トレイル，パスのうちのどれになるか答えよ．

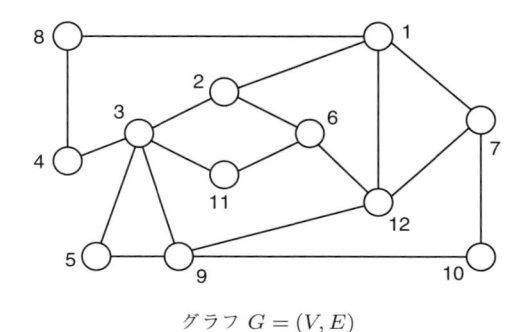

グラフ $G = (V, E)$

(1) $1-2-6-11-3-2-6-12-9$

(2) $8-4-3-9-5-3-2-1-7$

(3) $1-2-6-11-3-5-9-10$

(4) $5-3-2-1-12-9-10-7-1-8$

設問 4　下図の有向グラフ $G=(V,E)$ について，強連結成分をすべて求め，各々を点集合として示せ．

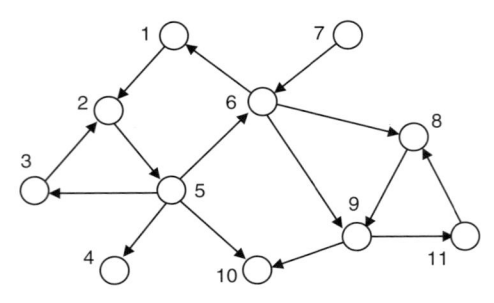

有向グラフ $G=(V,E)$

設問 5　下図のグラフ $G=(V,E)$ において，以下の (1)～(4) に示す 2 点 u,v 間の辺素なパスの最大値 $ed_G(u,v)$ および内素なパスの最大値 $id_G(u,v)$ を求めよ．

(1) $u=2, v=6$.

(2) $u=1, v=3$.

(3) $u=1, v=9$.

(4) $u=9, v=12$.

設問 6　グラフ $G=(V,E)$ の 2 点 u,v と切断辺集合 E' あるいは切断点集合 V' について，u と v が $G-E'$ あるいは $G-V'$ において異なる連結成分に属するとき，E' あるいは V' は u と v を分離するという．下図のグラフ $G=(V,E)$ において，次の (1), (2) の各 2 点 u,v に対してこれらを分離する切断辺集合 E' と切断点集合 V' を 1 つずつ求めよ．ただし，E', V' としてはできるだけ要素数の少ないものを求めよ．

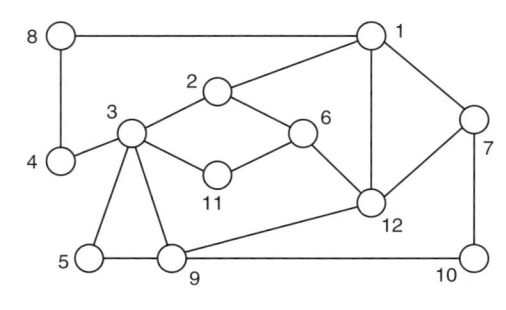

グラフ $G=(V,E)$

(1) $u = 1$, $v = 3$.
(2) $u = 1$, $v = 9$.

参考文献

[1] M. Behzad, G. Chartrand and L. Lesniak-Foster, "Graphs and Digraphs," Prindle, Weber & Schmidt (1979).（邦訳）秋山, 西関,「グラフとダイグラフの理論」, 共立出版 (1981).

[2] C. Berge, "Graphs and Hypergraphs," North-Holland, London (1973).（邦訳）伊理（正）, 伊理（由）, 岩坪, 小林, 佐藤, 星（共訳）,「グラフの理論」, I〜III, サイエンス社 (1976).

[3] R. Diestel, "Graph Theory," Graduate Texts in Mathematics 173, Springer-Verlag New York, NY, USA (1997).

[4] J. Gross and J. Yellen, "Graph Theory and Its Applications," CRC Press, FL, USA (1999).

[5] F. Harary, "Graph Theory," Addison-Wesley, MA, USA (1969).（邦訳）池田,「グラフ理論」, 共立出版 (1971).

[6] 伊理 他,「演習グラフ理論 −基礎と応用−」, コロナ社 (1983).

[7] 尾崎, 白川,「グラフとネットワークの理論」, コロナ社 (1973).

[8] R. J. Wilson, "Introduction of Graph Theory, 4th Ed.," Pearson Education Limited, England, UK (1996).（邦訳）西関（隆）, 西関（裕）,「グラフ理論入門」, 近代科学社 (2001).

第3章
グラフの諸性質と最短路問題

□ 学習のポイント

　本章では，2点間の距離，グラフの和の概念を導入した後，ウォークやパスなどの概念を扱う手法の実例として，2点間のパスの存在に基づいた連結性の定義におけるパスをウォークで代用できること，同一の2点を結ぶ偶数長と奇数長の2つのパスの存在と奇数長のサイクルの存在が同値であることなどを学び，次に，パスとサイクルの概念を使った2部グラフの特徴付けとパスの概念を使って同一点数かつ同一成分数の単純グラフの辺数の最大値と最小値を表す公式が得られることを示す．さらに，有向グラフにおけるパスとサイクルの概念の応用例として，有向グラフの強連結成分への分解により有向非サイクル的グラフが得られることについて解説する．最後に，ダイクストラ法と呼ばれる実用上も有用である最短路問題を解くアルゴリズムについて解説する．

- パスとサイクルの概念を使った2部グラフの特徴付けを理解する．
- 同一点数かつ同一（連結）成分数の単純グラフのうち辺数が最大のものと最小のものの構造について理解する．
- 有向グラフの強連結成分への分解により有向非サイクル的グラフが得られることを理解する．
- 最短路問題を解くアルゴリズムであるダイクストラ法の原理と動作について理解する．

□ キーワード

　（2点間の）距離，（グラフの）和，連結性，2部グラフ，強連結成分，有向非サイクル的グラフ，最短路問題，ダイクストラ法

3.1 パス・サイクル・ウォークに関する性質

　この節では，無向グラフにおけるパスに関連した定義を2つ付け加え，さらにパスとサイクルに関連した定理をいくつか付け加える．特に断わらない限りグラフという言葉は無向グラフを表す．

　グラフ上の2点 v と w を結ぶパスが存在するとき，v と w 間の**距離** (distance) を v と w を結ぶ最短のパスの長さとして定義する．また，有向グラフ上点 v から点 w への有向パスが存在するとき，v から w への距離を v から w への最短の有向パスの長さとして定義する．

　第2章で述べたように，グラフ $G = (V, E)$ の点集合 V における「点 v から点 w へのパスが存在する」という点集合 V 上の2項関係は同値関係であり，この同値関係についての同値類が G の連結成分（成分）である．なお，S が G の連結成分であるとき，G における S

による点誘導部分グラフも G の連結成分と呼ぶ．グラフの連結成分の意味を明確にするためにグラフの和の概念を導入する．

いくつかのグラフ $G_1 = (V_1, E_1), G_2 = (V_2, E_2), \ldots, G_k = (V_k, E_k)$ があり，異なるどの 2 つの番号 i, j についても，V_i と V_j の共通集合が空集合であるとき，すなわち，$V_i \cap V_j = \emptyset$ が成り立っているとき，$G_1, G_2, \ldots, G_k$ の和（union）$G_1 \cup G_2 \cup \cdots \cup G_k$ を次のように定義する．

$$G_1 \cup G_2 \cup \cdots \cup G_k = (V_1 \cup V_2 \cup \cdots \cup V_k,\ E_1 \cup E_2 \cup \cdots \cup E_k)$$

この定義により，グラフ $G = (V, E)$ の点集合 V を空集合でない 2 つの集合 A, B に分割して A の点と B の点を結ぶ辺が存在しないようにできるとき，A, B による誘導部分グラフを，それぞれ G_A, G_B とおいて，$G = G_A \cup G_B$ が成り立つ．しかもこのとき G_A と G_B は，どちらも 1 つ以上の G の連結成分の和になっている．さらに，グラフ G の連結成分がグラフ $G_1, G_2, \ldots, G_k$ であるとき，G は $G_1, G_2, \ldots, G_k$ の和である．すなわち，次が成り立つ．

$$G = G_1 \cup G_2 \cup \cdots \cup G_k$$

例 3.1 グラフ $G = (V, E)$ が空集合でない点集合をもつ 2 つのグラフの和として表せないこと，すなわち，G の点集合 V を空集合でない 2 つの集合 A と B にどのように 2 分割しても A の点と B の点を結ぶ G の辺が存在することは，G が連結グラフであるための必要十分条件である．

W が v から w へのウォークであるとき，v を W の始点，w を W の終点と呼ぶ．以下に，パス・サイクル・ウォークに関する性質を述べたいくつかの定理を挙げる．

異なる 2 点間のウォークは，点と辺を辿って一方の点からもう一方の点へ行く行き方とみなせる．したがって，点 v から点 w へのウォークが存在すれば，近道をすることにより同じ点を 2 回以上通らない v から w へのウォーク，すなわちパスが見つかると考えるのは妥当である．次の定理は，このことを明確に主張している．

定理 3.1 $G = (V, E)$ をグラフとし，$x, y \in V$ を G の異なる 2 点とする．G に x から y へのウォーク

$$W = x \xrightarrow{e_1} v_1 \xrightarrow{e_2} v_2 \xrightarrow{e_3} \cdots \xrightarrow{e_{k-2}} v_{k-2} \xrightarrow{e_{k-1}} v_{k-1} \xrightarrow{e_k} y$$

が存在すれば，W に含まれる点と辺だけからなる x から y へのパスが存在する

（証明）G におけるウォーク W に含まれるすべての辺による辺誘導部分グラフを G' とおく．G' における点 x から点 y へのウォーク（$x - y$ ウォーク）のうち長さが最小のもの

$$W_0 = x \xrightarrow{e'_1} v'_1 \xrightarrow{e'_2} v'_2 \xrightarrow{e'_3} \cdots \xrightarrow{e'_{l-2}} v'_{l-2} \xrightarrow{e'_{l-1}} v'_{l-1} \xrightarrow{e'_l} y$$

がパスになることを示せば証明が完了する．W_0 がパスでなければ $v'_i = v'_j$ および $i < j$ を満たす番号 i, j が存在する．ただし，$v'_0 = x, v'_l = y$ とする．$i = 0$ なら

$$v'_j \xrightarrow{e'_{j+1}} v'_{j+1} \xrightarrow{e'_{j+2}} v'_{j+2} \xrightarrow{e'_{j+3}} \cdots \xrightarrow{e'_{l-2}} v'_{l-2} \xrightarrow{e'_{l-1}} v'_{l-1} \xrightarrow{e'_l} y$$

は，W_0 よりも短い $x-y$ ウォークであり，$j = l$ なら

$$W_0 = x \xrightarrow{e'_1} v'_1 \xrightarrow{e'_2} v'_2 \xrightarrow{e'_3} \cdots \xrightarrow{e'_{i-2}} v'_{i-2} \xrightarrow{e'_{i-1}} v'_{i-1} \xrightarrow{e'_i} v'_i$$

は，W_0 よりも短い $x-y$ ウォークである．さらに，$0 < i < j < l$ なら

$$x \xrightarrow{e'_1} v'_1 \xrightarrow{e'_2} \cdots \xrightarrow{e'_i} v'_i \xrightarrow{e'_{j+1}} v'_{j+1} \xrightarrow{e'_{j+2}} \cdots \xrightarrow{e'_{l-1}} v'_{l-1} \xrightarrow{e'_l} y$$

は，W_0 よりも短い $x-y$ ウォークである．以上で，証明が完了した．　　　　（証明終り）

次の定理は，グラフの異なる 2 点間を結ぶ偶数長のパスと奇数長のパスが存在すれば，そのグラフが奇数長のサイクルをもつことを主張している．この定理は，次節でパスの概念を使って 2 部グラフを特徴付けるために使われる．

定理 3.2 グラフ $G = (V, E)$ の異なる 2 点 s, t が存在して s から t への偶数長のパスと奇数長のパスがどちらも存在すれば，G は奇数長のサイクルをもつ．

（証明）　$P = s - v_1 - v_2 - \cdots - v_{2k} - t$ と $Q = s - w_1 - w_2 - \cdots - w_{2l-1} - t$ は，それぞれ，G における同一の始点と終点をもつクローズドでない（始点と終点が異なる）奇数長（長さ $2k+1$）のパスと偶数長（長さ $2l$）のパスであり，そのような 2 つのパスの組合せの中でパスの長さの和 $2(k+l)+1$ が最小のものであるとする（図 3.1）．

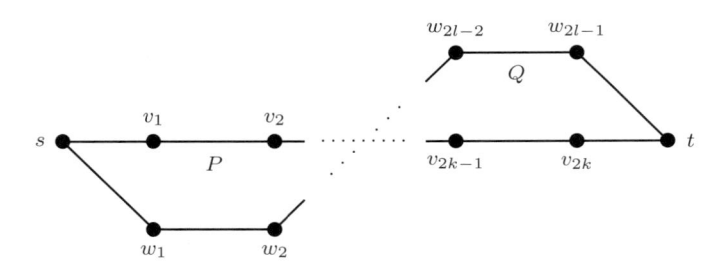

図 **3.1**　s と t を結ぶパス P と Q

このとき，P と Q は，始点と終点以外に共通点をもたない．もし，そのような共通点 u が存在すれば，すなわち，$u = v_i = w_j, 0 < i < 2k+1, 0 < j < 2l$ を満たす正整数 i, j が存在すれば（図 3.2），$P_1 = s - v_1 - v_2 - \cdots - v_{i-1} - u$ と $Q_1 = s - w_1 - w_2 - \cdots - w_{j-1} - u$ の組合せか，または，$P_2 = u - v_{i+1} - v_{i+2} - \cdots - v_{2k} - t$ と $Q_2 = u - w_{j+1} - w_{j+2} - \cdots - w_{2l-1} - t$ の組合せのどちらかが G における同一の始点と終点をもつクローズドでない奇数長のパスと偶数長のパスの組合せとなり P と Q の組合せがそのような組合せの中で長さの和が最小であるという仮定と矛盾するからである．

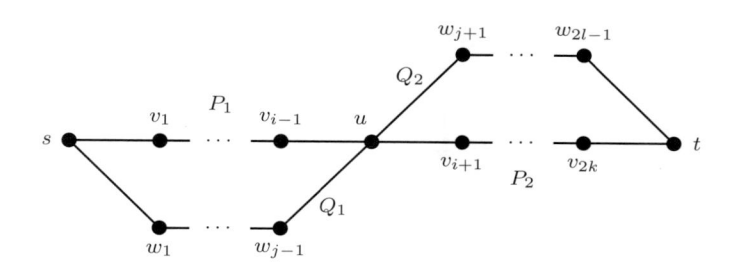

図 3.2 パス P と Q が s と t 以外の点で交わっている場合

このことは，次のようにして確かめられる．P_1 の長さ i と Q_1 の長さ j がどちらも偶数の場合は，$i = 2i', j = 2j'$ とおいて，

$$2k + 1 - 2i' = 2(k - i') + 1 \quad \text{および} \quad 2l - 2j' = 2(l - j')$$

が導かれ，i と j がどちらも奇数の場合は，$i = 2i'' + 1, j = 2j'' + 1$ とおいて，

$$2k + 1 - (2i'' + 1) = 2(k - i'') \quad \text{および} \quad 2l - (2j'' + 1) = 2(l - j'' - 1) + 1$$

が導かれる．したがって，どちらの場合も，P_2 と Q_2 が奇数長のパスと偶数長のパスの組合せになっている．

したがって，s を始点としてパス P を辿って t に到達したあとパス Q を逆向きに辿って s に戻るクローズドウォークは，奇数長のサイクルである．　　　　　　　　　　　　（証明終り）

次の定理は，連結グラフからサイクル上の辺を除去しても連結性が失われないことを主張している．このことは，グラフ理論の展開において基本的である．

定理 3.3 連結グラフ G がサイクル C をもち，辺 e が C に含まれているとする．このとき，G から辺 e を除去して得られるグラフ $G' = G - e$ は，連結グラフである．

（証明）　辺 e が自己ループなら定理が成り立つのは明らかなので，e は自己ループでないとする．$C = v - v_1 - v_2 - \cdots - v_i \overset{e}{\text{---}} v_{i+1} - \cdots - v_{k-1} - v$ とおく．G の任意の 2 点 x, y について，x と y を結ぶパス P が辺 e を含めば，e をパス

$$v_{i+1} - v_{i+2} - v_{i+3} - \cdots - v_{k-1} - v - v_1 - v_2 - \cdots - v_i$$

または，その並び方を逆転したもの

$$v_i - v_{i-1} - v_{i-2} - \cdots - v_1 - v - v_{k-1} - v_{k-2} - \cdots - v_{i+1}$$

に置き換えることにより x と y を結ぶ辺 e を含まないウォーク W が得られる（図 3.3）．このことと定理 3.1 より，x と y を結ぶ辺 e を含まないパスが存在することが導かれる．したがって，G' が連結グラフであることが示された．　　　　　　　　　　　　　　　　（証明終り）

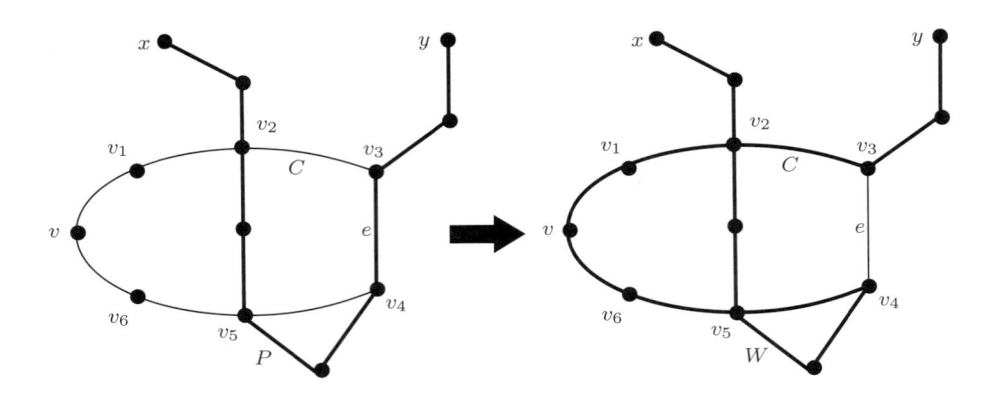

図 3.3　点 x から y への辺 e を通らないウォーク

なお，定理 3.1 のグラフを有向グラフに置き換えて得られる次の定理 3.4 も定理 3.1 と同様にして証明することができる．証明は省略する．

定理 3.4 $G = (V, E)$ を有向グラフとし，$x, y \in V$ を G の異なる 2 点とする．G に x から y への有向ウォーク W が存在すれば，W に含まれる点と辺だけからなる x から y への有向パスが存在する．

3.2　2 部グラフとサイクル

第 2 章で定義したように，グラフ $G = (V, E)$ が **2 部グラフ** (bipartite graph) であるとは，G の点集合 V を 2 分割し，G が A の点同士を結ぶ辺も B の点同士を結ぶ辺ももたないようにできるときをいう．たとえば，図 3.4 で示されるグラフは，$A = \{a, b, c\}$，$B = \{d, e\}$ とおけば A の点同士を結ぶ辺も B の点同士を結ぶ辺ももたないので 2 部グラフである．

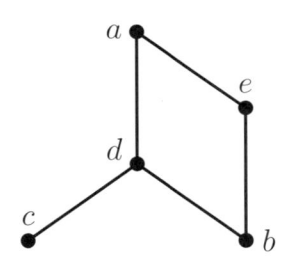

図 3.4　2 部グラフの例

次の定理は，パスの概念を使って 2 部グラフを特徴付けることができることを主張している．この定理により，与えられたグラフが 2 部グラフでないことを示すには，そのグラフの奇数長のサイクルを見つければよいことがわかる．

定理 3.5 2個以上の点からなる任意のグラフ $G = (V, E)$ について，G が奇数長のサイクルをもたないことは G が2部グラフであるための必要十分条件である．

（証明）$G = (V, E)$ が2部グラフであるとき奇数長のサイクルをもたない．なぜなら，G の点集合 V を A と B に2分割して G が A の2点を結ぶ辺も B の2点を結ぶ辺ももたないようにしたとき，G の任意のウォークの上で A の点と B の点が交互に並ぶので，A の点を始点かつ終点とするサイクルも B の点を始点かつ終点とするサイクルも長さは偶数だからである．

G が辺をもつ連結グラフであると仮定して，G が奇数長のサイクルをもたないとき2部グラフであることを示す．自己ループは，単独で長さ1のサイクルを構成するので G は自己ループをもたない．$v_0 \in V$ を任意に選び，v_0 を始点とする偶数長のパスの終点になり得る点すべてからなる集合を A，奇数長のパスの終点になり得る点すべてからなる集合を B とする．

G が連結グラフであることから G の任意の点 $v \in V$ は，v_0 を始点とする何らかのパスの終点になっている．したがって，$A \cup B = V$ が成り立つ．また，点 $v \in A \cap B$ が存在すれば，v_0 から v への偶数長のパスと奇数長のパスが両方存在することになり，定理 3.2 よりグラフ G が奇数長のサイクルをもつことが導かれる．これは，グラフ G が奇数長のサイクルをもたないことと矛盾する．したがって，$A \cap B = \emptyset$ が成り立つ．

次に，異なる2点 $v_1, v_2 \in A$ を結ぶ辺 e_A が存在したと仮定し，矛盾を導く．v_0 から v_1 への偶数長のパスを P_1，v_0 から v_2 への偶数長のパスを P_2 とおく．v_2 が P_1 上に存在する場合は，パス P_1' と P_1'' を図 3.5 のように定める．このとき，P_1' の長さが奇数なら $v_2 \in A \cap B$ が成り立ち $A \cap B = \emptyset$ と矛盾し，P_1' の長さが偶数なら P_1'' と辺 e_A を合わせてできるサイクルの長さが奇数なので G が奇数長のサイクルをもたないことと矛盾する．v_2 が P_1 上に存在しない場合は，P_1 の最後に辺 e_A を付け加えてできる v_0 から v_2 へのパス P_1'（図 3.6）の長さは奇数であるので $v_2 \in A \cap B$ が成り立ち $A \cap B = \emptyset$ と矛盾する．

同様にして，B の異なる2点を結ぶ辺が存在しないことも導かれる．よって G は A と B を部集合とする2部グラフである．

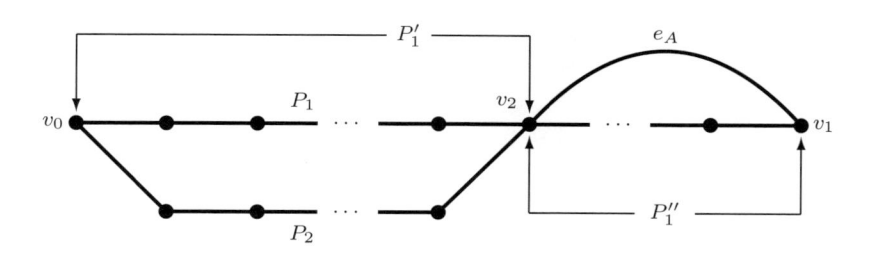

図 3.5 点 v_2 がパス P_1 上に存在する場合

G が辺をもつ連結グラフでないときも，複数の点からなる空グラフが2部グラフであること，および，複数の2部グラフの和が2部グラフであること，および，2部グラフと空グラフの和が2部グラフであることは明らかであるので，G は2部グラフである． （証明終り）

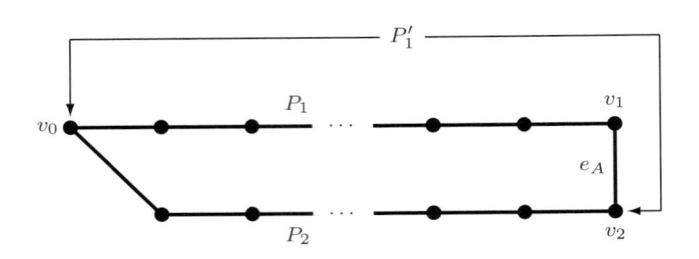

図 3.6 点 v_2 がパス P_1 上に存在しない場合

3.3 単純グラフの最大辺数と最小辺数

パスの概念を使って，指定された個数の点と連結成分をもつ単純グラフの辺の本数の最大値と最小値を決定することができる．

補題 3.1 n は 2 以上の整数とする．G が n 個の点からなる連結グラフの中で辺の本数が最小のものであるとき，G には次数が 1 である点が 2 個以上存在する．

（証明） P を G のクローズドでないパスで長さが最大のものとし，P の始点を v，終点を w とする．このとき，G は 2 個以上の点からなる連結グラフであるので，P の長さは 1 以上であり，P には v に接続している辺がちょうど 1 本含まれ，同様に w に接続している辺がちょうど 1 本含まれる．以下，$P = v - v_1 - v_2 - \cdots - v_{k-1} - w$ と表し，v または w に P に含まれない G の辺 e が接続していると仮定して矛盾を導く．

e が v または w と P に含まれない点 u を結んでいれば，パス P に辺 e をつなげて得られるウォーク P' は，クローズドでないパスであり，かつ，P' の長さ $k+1$ は，P の長さ k よりも大きい（図 3.7）．これは，P の定義と矛盾する．

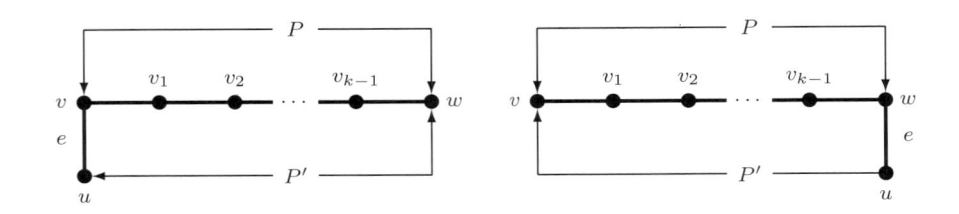

図 3.7 点 v または w と u を結ぶ辺 e が存在する場合

一方，e が v と P 上の点 v_i を結んでいれば，G は辺 e を含むサイクル $v - v_1 - v_2 - \cdots - v_i \xrightarrow{e} v$ をもち，e が w と P 上の点 v_j を結んでいれば，G は辺 e を含むサイクル $w \xrightarrow{e} v_j - v_{j+1} - \cdots - w$ をもつので，いずれの場合も定理 3.3 より G から辺 e を除去して得られるグラフ $G - e$ は連結グラフである．このことは，G が n 個の点からなる連結グラフの中で辺の本数が最小のものであるという仮定と矛盾する．

したがって，v と w どちらについても，それに接続している辺は P に含まれる辺 1 本だけであることが導かれた．このことは，v と w の点次数がどちらも 1 であることを示している．
（証明終り）

補題 3.1 にある同一の個数の点からなる連結グラフのうち辺の本数が最小であるという条件を満たすグラフは，木と呼ばれる．木はグラフ理論において重要な役割を演じる概念であり，第 5 章で木について詳しく述べる．

定理 3.6 n 個の点と k 個の連結成分からなる単純グラフ G の辺の本数の最大値を $f(n,k)$ で，最小値を $g(n,k)$ で表したとき，

$$f(n,k) = \frac{(n-k+1)(n-k)}{2} \quad \text{および} \quad g(n,k) = n-k$$

が成り立つ．

（証明）$G = G_1 \cup G_2 \cup \cdots \cup G_k$ とおき，各連結成分 G_i の点の個数を n_i で表し，一般性を失うことなく $n_1 \geq n_2 \geq \cdots \geq n_k$ が成り立っているとする．

初めに $f(n,k)$ を求める．G は n 個の点と k 個の連結成分からなる単純グラフの中で辺の本数が最大であるとする．同じ個数の点からなる単純連結グラフの中で辺の本数が最大のものは完全グラフであるので，各 G_i は完全グラフ K_{n_i} となり，G の辺の本数は

$$\frac{1}{2}\sum_{i=1}^{k} n_i(n_i - 1)$$

と表される．もし $n_2 > 1$ であれば

$$(n_1+1)n_1 + (n_2-1)(n_2-2) = n_1^2 + n_2^2 - n_1 - n_2 + 2(n_1 - n_2 + 1)$$
$$> n_1^2 + n_2^2 - n_1 - n_2 = n_1(n_1-1) + n_2(n_2-1)$$

が成り立つので，n 点からなり k 個の連結成分の和である単純グラフ

$$G' = K_{n_1+1} \cup K_{n_2-1} \cup K_{n_3} \cup \cdots \cup K_{n_k}$$

の辺の本数が G よりも大きいことになり，G が n 個の点と k 個の連結成分からなる単純グラフの中で辺の本数が最大であることと矛盾する．したがって，$n_1 = n-k+1, n_2 = n_3 = \cdots = n_k = 1$ が成り立ち，$f(n,k) = (n-k+1)(n-k)/2$ が導かれる．

次に $g(n,k)$ を求める．G は n 個の点と k 個の連結成分からなる単純グラフの中で辺の本数が最小であるとする．$n > k$ であれば，G は 2 個以上の点からなる連結成分をもつので $n_1 \geq 2$ が成り立ち，補題 3.1 より G_1 は次数が 1 である点 v をもつ．このとき，$G - v$ は $n-1$ 個の点と k 個の連結成分からなる単純グラフの中で辺の本数が最小である．なぜなら，$G-v$ よりも辺が少ない $n-1$ 個の点と k 個の連結成分からなるグラフ G' が存在すれば，新しい点 w をとり，w' を任意の G' の点として，G' に点 w と辺 ww' を付け加えたものは，G よりも少ない辺からなり，かつ，n 個の点と k 個の連結成分からなるグラフであるが，これは，G は n

個の点と k 個の連結成分からなる単純グラフの中で辺の本数が最小であることと矛盾する．したがって，$n > k$ ならば $g(n,k) = g(n-1,k) + 1$ が成り立つことが導かれる．一方 $n = k$ ならば G は，n 個の孤立点からなる辺をもたないグラフであるので，$g(n,k) = 0 = n - k$ が成り立つ．したがって，漸化式

$$g(n,k) = \begin{cases} 0 & (n = k \text{ のとき}) \\ g(n-1,k) + 1 & (n > k \text{ のとき}) \end{cases}$$

を解いて $g(n,k) = n - k$ が導かれる． （証明終り）

定理 3.6 より次の系が成り立つ．証明は，章末の演習問題（設問 3）とする．

系 3.1 n 個の点からなり，かつ，

$$\frac{(n-1)(n-2)}{2} + 1$$

本以上の辺をもつ単純グラフは，連結グラフである．

3.4 有向非サイクル的グラフと位相的順序

この節では，有向グラフにおけるパスとサイクルの概念の応用例として，有向グラフの強連結成分への分解により**有向非サイクル的グラフ** (Directed Acyclic Graph, DAG) が得られることについて解説する．

第 2 章で述べたように有向非サイクル的グラフとは，サイクルをもたない有向グラフのことである．たとえば，図 3.8 の 3 点と 3 本の有向辺からなる有向グラフは，基礎グラフはサイクルグラフ C_3 でありサイクルをもつが，有向サイクルをもたないので有向非サイクル的グラフである．なお，サイクルをもたない連結無向グラフは木と呼ばれる重要な概念であり，後の第 5 章で扱う．

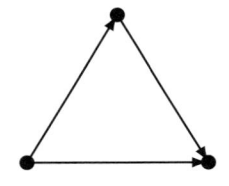

図 3.8 基礎グラフがサイクルをもつ有向非サイクル的グラフ

有向グラフについての問題を有向非サイクル的グラフの上に制限すると解決が容易になることが多い．たとえば，有向非サイクル的グラフの各辺に重みをどのように付けても，正負が混在していたとしても，最短パス（辺の重みの総和が最小であるパス）と最長パス（辺の重みの総和が最大であるパス）の両方が明確に定義できる．また，たとえば，オセロのように 1 回の勝負の中で同一の局面が 2 回現れることがないゲームのすべての局面の間の推移関係を有向グラ

フに表すと有向非サイクル的グラフになる．さらに次の定理が成り立つことが知られている．

定理 3.7 $G = (V, E)$ は，n 個の点からなる有向非サイクル的グラフであるとする．このとき，次の条件が成り立つように G の点に順番を付けることができる．

$$V = \{v_1, v_2, \ldots, v_n\}, \qquad v_i v_j \in E \text{ ならば } i < j$$

この条件を満たす点集合上の全順序は，**位相的順序** (topological order) と呼ばれる．

（証明）G は，有向サイクルをもたないので，必ず入次数が 0 の点をもつ．そうでなければ，任意の点から出発して，同じ点が 2 回現れるまで有向辺を逆向きに辿れるからである．以下 i は非負整数を表すとする．$G_0 = G$ とおき，「有向グラフ G_i が与えられているとき，G_i の点で入次数が 0 のもの v_{i+1} を見つけ，G_i から v_{i+1} を除去して $G_{i+1} = G_i - v_{i+1}$ をつくる」という操作を G_0 から始めて 1 点だけからなる G_{n-1} が得られるまで続け，G_{n-1} がもつ唯一の点を v_n とおく．このとき，$v_i v_j$ が G の有向辺なら，必ず $i < j$ が成り立つ．この理由は，次の通りである．有向グラフ G_{j-1} において点 v_j の入次数が 0 であるためには，点 v_i が G_{j-1} に属していてはならない．したがって，v_i は $G_1, G_2, \ldots, G_{j-1}$ のどれかをつくるために除去した点であり，$i < j$ が成り立つことが示された．　　　　　　　　（証明終り）

例 3.2 定理 3.7 の証明に従って，図 3.9 左側の有向非サイクル的グラフ G の位相的順序を求めてみる．初めに，入次数が 0 である G の点を 1 つ選んで v_1 とする．この例では，入次数が 0 である G の点は A と D である．ここでは，$v_1 = $ A とする．次に，入次数が 0 である $G - v_1$ の点を 1 つ選んで v_2 とする．この例では，入次数が 0 である $G - v_1$ の点は B と D である．ここでは，$v_2 = $ D とする．次に，入次数が 0 である $G - \{v_1, v_2\}$ の点を 1 つ選んで v_3 とする．この例では，入次数が 0 である $G - \{v_1, v_2\}$ の点は B のみである．したがって，$v_3 = $ B である．以下，同様の手続きを続けることにより，$v_4 = $ C, $v_5 = $ E, $v_6 = $ F が求まる．図 3.9 右側の図は，このようにして求まった左側のグラフの各点の順番を表している．

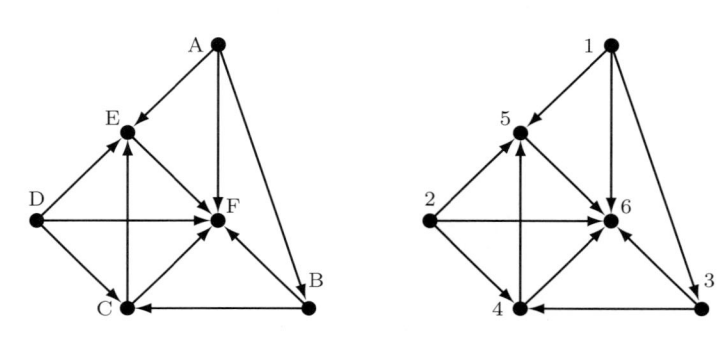

図 **3.9** 有向非サイクル的グラフとそれに対する位相的順序

有向グラフ $G = (V, E)$ の強連結成分を $H_1 = (V_1, E_1), H_2 = (V_2, E_2), \ldots, H_k = (V_k, E_k)$

で表す．第2章で定義したように，一般に有向グラフ $H = (V', E')$ が有向グラフ G の強連結成分であるとは，(1) H は強連結グラフであり，かつ，(2) H が G における V' による誘導部分グラフであり，かつ，(3) V' を真部分集合とする V の任意の部分集合 W ($V' \subset W \subseteq V$) について G における W による誘導部分グラフが強連結グラフでないときをいう．この定義から，$V = V_1 \cup V_2 \cup \cdots \cup V_k$，および，異なる i, j の組合せすべてについて $V_i \cap V_j = \emptyset$ が成り立つ．このとき，G の強連結成分からなる集合 $\mathcal{V} = \{H_1, H_2, \ldots, H_k\}$ を点集合とする有向非サイクル的グラフ $\mathcal{G} = (\mathcal{V}, \mathcal{E})$ を

$$(H_i, H_j) \in \mathcal{E} \Leftrightarrow i \neq j \text{ かつ } xy \in E \text{ を満たす } x \in V_i \text{ と } y \in V_j \text{ が存在する}$$

により定義することができる．なぜなら，$\mathcal{G}$ が有向サイクル $H_{i(0)} \to H_{i(1)} \to \cdots \to H_{i(l-1)} \to H_{i(0)}$ をもてば，G における $V_{i(0)} \cup V_{i(1)} \cup \cdots \cup V_{i(l-1)}$ による誘導部分グラフが強連結グラフになってしまい，$H_{i(0)}$ と $H_{i(1)}$ が異なる強連結成分であることと矛盾するからである．

例 3.3 図 3.10 の有向グラフの強連結成分は 3 つの「有向三角形」であり，それらからなる有向非サイクル的グラフは，図 3.8 の有向グラフと同形である．

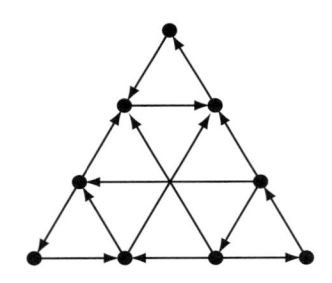

図 **3.10** 強連結成分が有向三角形である有向グラフ

3.5 最短路問題を解くダイクストラ法

各辺 e に重み $w(e)$ がつけられた辺重み付きグラフ $G = (V, E)$ と G の点 v_0 が与えられたとき，点 v_0 から G の各点への最短パスを求める問題を単一出発点の**最短路問題** (shortest path problem) と呼ぶ．ただし，この問題における点 v から w への最短パスとは，v から w へのパスのうち辺の重みの総和が最小のもののことである．この節では，点 v_0 を出発点と呼び，点 v から w への最短パス上の辺の重みの総和を v と w の間の最短距離と呼ぶ．図 3.11 は，辺重み付きグラフの例である．辺の近くに書いてある正整数がその辺の重みである．たとえば，このグラフにおいて，点 a を出発点に指定することにより，a から各点への最短パスを求めることを要求する次の問題が得られる．

図 3.11 で与えられた辺重み付きグラフについて，点 a から点 a, b, c, d, e への最短

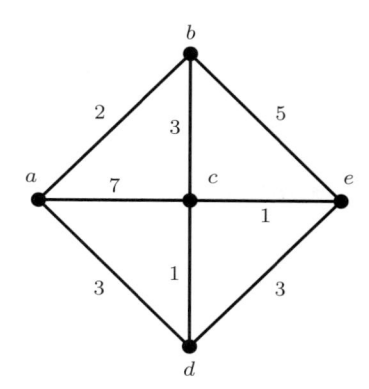

図 **3.11** 辺重み付きグラフの例

パスを求めよ．

この問題は，単一出発点の最短路問題の一例である．

ダイクストラ法 (Dijkstra's algorithm) は，オランダの計算機科学者エドガー・ダイクストラ (Edsger Wybe Dijkstra) により 1959 年に公表された単一出発点の最短路問題を解くアルゴリズムである [1]．ダイクストラ法は，出発点から各点までの最短距離だけ求めるようにアルゴリズムを設計することもできるが，ここでは最短距離と同時に最短パスを構成するための補助情報も求めるように設計する．ダイクストラ法は，応用範囲の広いアルゴリズムであり，インターネット上のルーティングや交通機関を乗り継いで目的地に行くための経路の探索などに応用されている．

辺重み付きグラフ $G = (V, E)$ およびその出発点 v_0 が与えられたとき，ダイクストラ法では，最初に G の各点 $v \in V$ に出発点 v_0 から点 v までの最短距離の暫定値を表すラベル $\delta(v) \geq 0$ を割り当て，手続きの進行とともにその値を減少させて真の最短距離に近づけていく．ラベル $\delta(v)$ の初期値は，$\delta(v_0) = 0$, かつ，$v \neq v_0$ に対しては $\delta(v) = +\infty$ とする．実際には，すべての辺の重みの総和よりも大きい任意の値を $+\infty$ の代わりに使ってよい．

グラフ G の各点に割り当てるラベルには，**永久ラベル** (permanent label) と**仮ラベル** (temporary label) の 2 種類があり，アルゴリズムの実行中ある点 v のラベル $\delta(v)$ が永久ラベルであることは，$\delta(v)$ が v_0 から v までの最短距離であることが確定していることを表している．初期値のラベルで永久ラベルであるのは，出発点 v_0 のラベル $\delta(v_0) = 0$ だけである．

アルゴリズムの実行中，各点 v に v のラベルが永久ラベルと仮ラベルかのどちらであるかを表す情報をラベル $\delta(v)$ とは別に記録しておく必要がある．さらに，最短パスを求めるために，各点 v に出発点 v_0 から v への最短パス上で終点 v に隣接している点の候補を補助情報として記録しておくようにする．ここでは，この補助情報を $\mathrm{Pre}(v)$ で表し，アルゴリズムの実行中点 v に補助情報が存在しないことを $\mathrm{Pre}(v) = \bot$ で表す．常に $\mathrm{Pre}(v_0) = \bot$ が成り立っていることに注意されたい．

ダイクストラ法

入力: 辺重み付きグラフ $G = (V, E), w : E \to \mathbf{R}^+$ （常に $w(e) \geqq 0$) および出発点 $v_0 \in V$ を与える．

出力: G の各点 $v \in V$ について v_0 と v の間の最短距離を出力し，出発点 v_0 以外の G の各点 $w \in V - \{v_0\}$ について v_0 から w への最短パス上で w に隣接している点を出力する．

(1) 点 v_0 に永久ラベル $\delta(v_0) = 0$ を割り当て，それ以外のすべての点 v に仮ラベル $\delta(v) = +\infty$ を割り当てる．さらに，すべての点 v に補助情報 $\text{Pre}(v) = \bot$ を割り当てる．

(2) すべての点のラベルが永久ラベルになるまで次の 2 つのステップをこの順に繰り返す．

　　(a) 点 v を最後に永久ラベルになった点とし，点 v に隣接している各点 w について次の操作を施す．

　　　　w に仮ラベル $\delta(w)$ が付いているとき，

$$\delta(w) > \delta(v) + w(vw)$$

　　　　が成り立っていれば，w のラベルと補助情報を，それぞれ $\delta(w) = \delta(v) + w(vw)$ と $\text{Pre}(w) = v$ に更新する．

　　(b) 最小の仮ラベルが付いている点 w_0 を見つけ，そのラベルを永久ラベルにする．最小の仮ラベルが付いている点が 2 個以上あるときは，その中のどれを w_0 に選んでもよい．

(3) G の各点 $v \in V$ について $\delta(v)$ を v_0 と v の間の最短距離として出力し，G の v_0 以外の各点 $w \in V - \{v_0\}$ について $\text{Pre}(w)$ を v_0 から w への最短パス上で w に隣接している点として出力する．

上に示したダイクストラ法の出力は，v_0 からすべての点への最短パスを出力していない．しかしながら，ダイクストラ法終了時の各点 $w \in V$ に対する補助情報 $\text{Pre}(w)$ が判っていれば，任意の点 $v \in V$ に対して，v から v_0 に到達するまで補助情報を辿ることにより，容易に v_0 から v への最短パスを見つけることができる．すなわち，

$$v - \text{Pre}(v) - \text{Pre}(\text{Pre}(v)) - \cdots - \overbrace{\text{Pre}(\text{Pre}(\cdots \text{Pre}(\text{Pre}(v))\cdots))}^{k} = v_0$$

が v から v_0 への最短パス（k はその長さ）であり，この最短パス上の点の並び方を逆転させることにより v_0 から v への最短パスが求まる．しかしながら，v_0 からの最短距離が最大の点までの最短パスだけが必要な場合などに配慮して，問題で要求されているすべての最短パスを出力するステップを省いている．

グラフ $G = (V, E)$ が n 点からなるとする．ステップ (2)(a), (2)(b) の繰り返し 1 回ごとにちょうど 1 つの点のラベルが仮ラベルから永久ラベルに変わるので，この繰り返しはちょうど $n - 1$ 回実行される．さらに，アルゴリズムの内容から次の補題が成り立つことがわかる．

補題 3.2 ダイクストラ法の実行中 $G = (V, E)$ の各点 $v \in V$ について次の 3 つの命題が成り立つ．

(1) ラベル $\delta(v)$ は増加しない．
(2) $\delta(v)$ が永久ラベルなら，その後 $\delta(v)$ の値は変化しない．また，補助情報 $\text{Pre}(v)$ も変化しない．
(3) 点 v_0 から v へのパスでその上の辺の重みの総和がちょうど $\delta(v)$ であるものが存在する．

次の定理は，ダイクストラ法が常に正解を出力することを保証する．

定理 3.8 ダイクストラ法の実行中，点 v のラベル $\delta(v)$ が永久ラベルであるならば，$\delta(v)$ は点 v_0 と v の間の最短距離である．

（証明） ダイクストラ法の実行中，次の条件 A を満たす点 v が存在したと仮定して矛盾を導く．

条件 A: $\delta(v)$ が点 v の永久ラベルであり，かつ，$\delta(v)$ が点 v_0 と v の間の最短距離よりも大きい．

v は，条件 A を満たす点のうち最初にラベル $\delta(v)$ が永久ラベルになった点とし，$P = v_0 - v_1 - \cdots - v_k - v$ は v_0 から v への最短パスとする．さらに，W でパス P 上の辺の重みの総和（v_0 と v の間の最短距離）を表す．このとき，$v \neq v_0$ は明らかである．

v の仮ラベルが永久ラベルになる直前の時点で，P 上の仮ラベルが付いている点のうち始点 v_0 に最も近いものを w_1，その隣の永久ラベルが付いている点を w_0 とおく．ダイクストラ法の動作より $\delta(w_1) \leqq \delta(w_0) + w(w_0 w_1)$ が成り立つ．さらに，点 w_0 のラベルは，点 v のラベルよりも早い時点で永久ラベルになっているので，v は条件 A を満たす点のうち最初にラベルが永久ラベルになったものであるという仮定より $\delta(w_0)$ は v_0 から w_0 までの最短距離である．したがって，パス P の v_0 から w_0 までの部分の辺の重みの総和を W' とおけば，$\delta(w_0) \leqq W'$ が成り立つ．したがって，$\delta(w_1) \leqq W < \delta(v)$ が成り立つが，これは v のラベルが永久ラベルになる直前の時点で $\delta(v)$ が仮ラベルの中で最小であるというアルゴリズムの条件と矛盾する．

（証明終り）

例として，図 3.11 の辺重み付きグラフが与えられ，点 a が出発点に指定された単一出発点の最短路問題をダイクストラ法で解くときの各点のラベルの変化を図 3.12 に示す．ステップ (1) 実行直後の状態を表す図を最初に置き，その後にステップ (2)(a) と (2)(b) を実行した後の状態を表す図を順に並べている．状態を表す図では，辺の近くにその辺の重みが書いてある．さらに，点を表すアルファベットの右横に点のラベルと補助情報をカンマで区切って並べ丸括弧または角括弧で囲んだものが書いてある．ラベルが仮ラベルのときは丸括弧，永久ラベルのときは角括弧としている．

図 3.12 に基づいてダイクストラ法の動きを説明する．

(1) 最初の状態では，初期値として点 a にだけ永久ラベル $\delta(a) = 0$ が付いていて，a 以外の

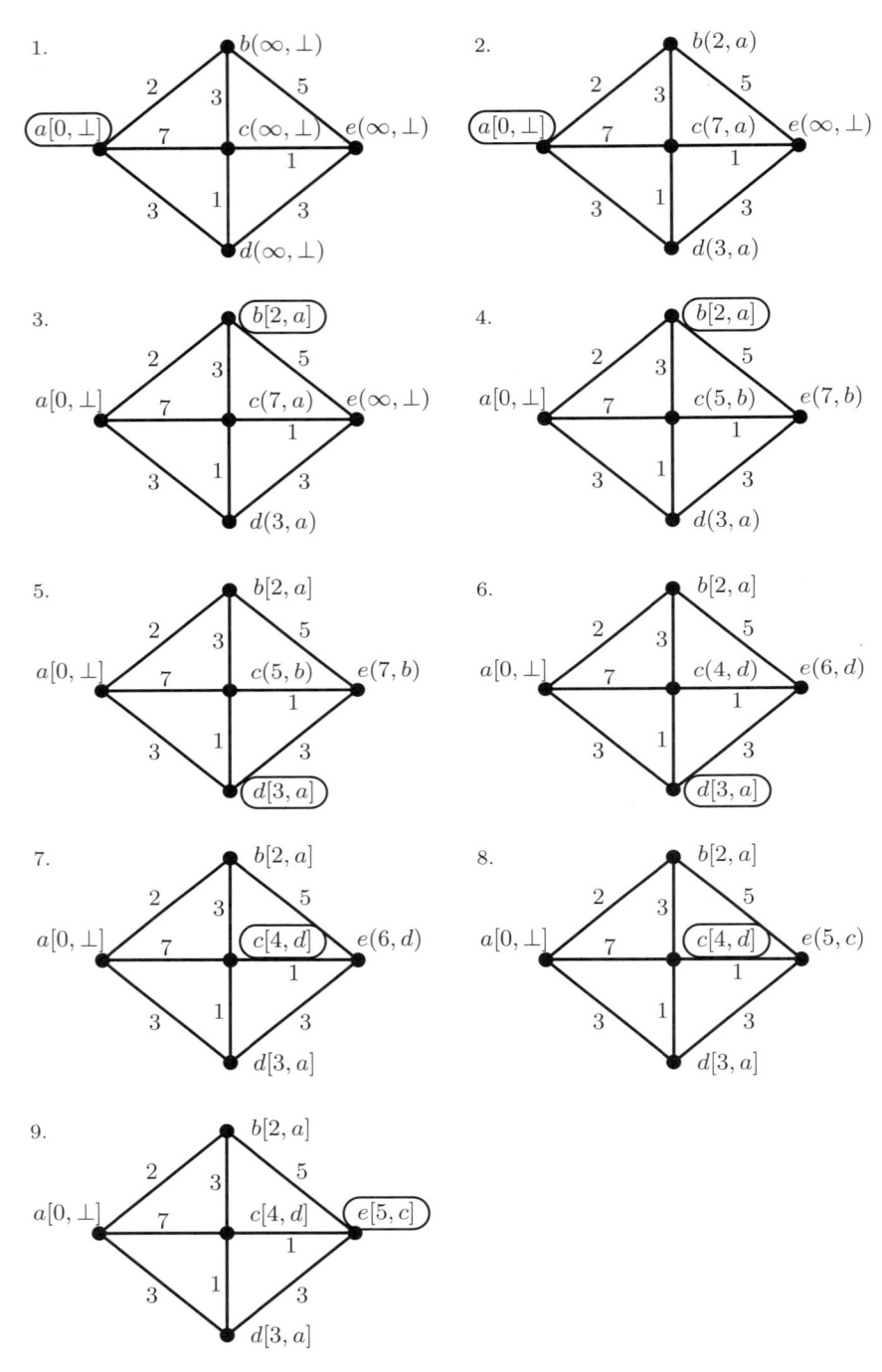

図 3.12 ダイクストラ法の動き

点 v には仮ラベル $\delta(v) = +\infty$ が付いている．

(2) さらに，すべての点 v に補助情報 $\mathrm{Pre}(v) = \bot$ が付いている．この時点で点 a に隣接していて仮ラベルが付いている点は，b, c, d であり，

$$\delta(b) = +\infty > 2 = \delta(a) + w(ab), \quad \delta(c) = +\infty > 7 = \delta(a) + w(ac),$$
$$\delta(d) = +\infty > 3 = \delta(a) + w(ad)$$

が成り立っているので，b, c, d の仮ラベルと補助情報が

$$\delta(b) = 2, \quad \mathrm{Pre}(b) = a, \quad \delta(c) = 7, \quad \mathrm{Pre}(c) = a, \quad \delta(d) = 3, \quad \mathrm{Pre}(d) = a$$

に更新される．

(3) 次に，ステップ (2)(b) の実行により最小の仮ラベルが付いている点 b のラベルが永久ラベルになる．

(4) この時点で点 b に隣接していて仮ラベルが付いている点は，c, e であり，

$$\delta(c) = 7 > 5 = \delta(b) + w(bc), \quad \delta(e) = +\infty > 7 = \delta(b) + w(be)$$

が成り立っているので，c, e の仮ラベルと補助情報が

$$\delta(c) = 5, \quad \mathrm{Pre}(c) = b, \quad \delta(e) = 7, \quad \mathrm{Pre}(e) = b$$

に更新される．

(5) 次に，ステップ (2)(b) の実行により最小の仮ラベルが付いている点 d のラベルが永久ラベルになる．

(6) この時点で点 d に隣接していて仮ラベルが付いている点は，c, e であり，

$$\delta(c) = 5 > 4 = \delta(d) + w(dc), \quad \delta(e) = 7 > 6 = \delta(d) + w(de)$$

が成り立っているので，c, e の仮ラベルと補助情報が

$$\delta(c) = 4, \quad \mathrm{Pre}(c) = d, \quad \delta(e) = 6, \quad \mathrm{Pre}(e) = d$$

に更新される．

(7) 次に，ステップ (2)(b) の実行により最小の仮ラベルが付いている点 c のラベルが永久ラベルになる．

(8) この時点で点 c に隣接していて仮ラベルが付いている点は，e だけであり，

$$\delta(e) = 6 > 5 = \delta(c) + w(ce)$$

が成り立っているので，e の仮ラベルと補助情報が

$$\delta(e) = 5, \quad \mathrm{Pre}(e) = c$$

に更新される．

(9) 次に，ステップ (2)(b) の実行により唯一残っていた点 e の仮ラベルが永久ラベルになる．

最後に，各点に付いている永久ラベル

$$\delta(a) = 0, \quad \delta(b) = 2, \quad \delta(c) = 4, \quad \delta(d) = 3, \quad \delta(e) = 5$$

を点 a からそれぞれの点までの最短距離として出力し，さらに a を除く各点 v の補助情報 $\mathrm{Pre}(v)$ を a から v への最短パス上で v に隣接している点として出力してアルゴリズムが終了する．

ダイクストラ法の動作の説明の直後に述べたように，ダイクストラ法の実行により出力された補助情報を使って出発点 v_0 から各点 v までの最短パスを構成するには，最初に v から v_0 に到達するまで補助情報を辿ることにより v から v_0 への最短パスを求め，次にこの最短パス上の点の並び方を逆転させればよい．

例として，図 3.12 の 9. に書いてある情報を使って点 a から e までの最短パスを求めると，次のようになる．最初に点 e から始めて補助情報 $\mathrm{Pre}(w),\ w \in \{a,b,c,d,e\}$ を辿ることにより e から a へのパス Q が次のように求まる．

$$\mathrm{Pre}(e) = c, \quad \text{したがって } Q = e - c - \cdots,$$
$$\mathrm{Pre}(c) = d, \quad \text{したがって } Q = e - c - d - \cdots,$$
$$\mathrm{Pre}(d) = a, \quad \text{したがって } Q = e - c - d - a$$

得られたパス Q 上の点の並び方を逆転させることにより，a から e への最短パス

$$a - d - c - e$$

が求まる．

なお，点 w に付いている補助情報が $\mathrm{Pre}(w) = w'$ であることは，

$$\delta(w) = \delta(w') + w(ww') \tag{3.1}$$

が成り立っていることを表している．補助情報を求めないようにダイクストラ法を実行してから，各点 w と w に隣接している各点 w' について式 (3.1) が成り立つか否かを確かめることにより，補助情報を構成することも比較的容易にできる．また，上に述べたダイクストラ法の手続きをプログラムに書いて計算機で実行するのは容易である．ただし，ステップ (2)(b) で最小の仮ラベルが割り当てられている点を求める計算の手間は，工夫次第で大きく変化する．

演習問題

設問 1 下図のグラフ G_1 が 2 部グラフであることを定義に基づいて示せ．

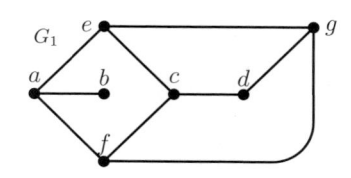

設問 2 下図のグラフ G_2 が 2 部グラフでないことを定理 3.5 を用いて示せ．

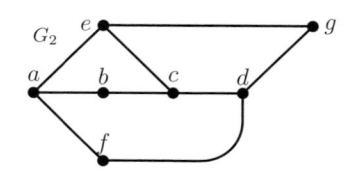

設問 3 n 個の点からなり，かつ，

$$\frac{(n-1)(n-2)}{2} + 1$$

本以上の辺をもつ単純無向グラフが連結グラフであること（本文中の系 3.1）を証明せよ．

（ヒント）問題のグラフの成分数を k とおいたとき，$k \geq 2$ ならば $((n-1)(n-2)/2) + 1 > f(n,k)$ が成り立つことを示せば十分である．ただし，関数 $f(n,k)$ は定理 3.6 に現れる関数である．

設問 4 下図で表される有向非サイクル的グラフに対する位相的順序を 1 つ求め，各点に順序を表す番号を付けよ．

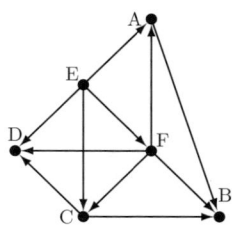

設問 5 有向グラフ G は，n 個の点からなり，かつ，長さ $n-1$ の有向パス $v_1 \to v_2 \to \cdots \to v_n$ をもつとする．さらに，「G において v_x から v_1 への有向パスが存在する」という条件を満たす番号 x の最大値が k であるとする．このとき，G における点 v_1 を含む強連結成分の点集合を求めよ．

設問 6　次の辺重み付き連結無向グラフについて，以下の問に答えよ．

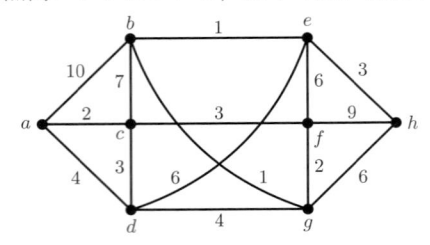

(1) 点 a が出発点に指定された単一出発点の最短路問題を本文で説明されているダイクストラ法で解き，各点 v についてアルゴリズム終了後の永久ラベル $\delta(v)$ と補助情報 $\mathrm{Pre}(v)$ を答えよ．
(2) 点 a から h までの最短距離と最短パスを求めよ．

設問 7* ダイクストラ法では，出発点 v_0 からの最短距離が小さい順に各点に永久ラベルが割り当てられることを証明せよ．

参考文献

[1] E. W. Dijkstra, "A note on two problems in connexion with graphs," *Numerische Mathematik*, Vol. 1, No. 1, pp. 269-271 (1959).

第4章
巡回性

□ 学習のポイント

第2章で定義されているように，グラフの辺数と同じ長さのサーキットはオイラーサーキットと呼ばれ，グラフの点数と同じ長さのサイクルはハミルトンサイクルと呼ばれる．本章では，まずオイラーサーキットの概念を復習し，オイラーグラフの特徴付けとオイラーサーキットを求めるアルゴリズムについて解説し，そのアルゴリズムの中国人郵便配達問題への応用について解説する．次に，ハミルトンサイクルの概念を復習したあと，グラフがハミルトングラフであるための十分条件を提示し，さらに，トーナメントと呼ばれる巡回性が高い有向グラフのクラスについて，ハミルトンサイクルの概念を有向グラフに自然な形で拡張した有向ハミルトンサイクルの存在条件について解説する．最後に，実用上重要であり，ハミルトングラフと関連の深い巡回セールスマン問題について解説する．

- グラフがオイラーサーキットをもつための必要十分条件について理解する．
- オイラーサーキットを見つけるアルゴリズムの原理と動作を理解し，そのアルゴリズムの中国人郵便配達問題への応用について理解する．
- グラフがハミルトンサイクルをもつための十分条件について理解する．
- トーナメントが有向ハミルトンサイクルや有向ハミルトンパスをもつための条件について理解する．
- 巡回セールスマン問題について学ぶ．

□ キーワード

オイラーサーキット，オイラーグラフ，フラーリのアルゴリズム，中国人郵便配達問題，ハミルトンサイクル，ハミルトングラフ，トーナメント，巡回セールスマン問題

4.1 オイラーサーキット

連結グラフ $G = (V, E)$ に対し，G がすべての辺を含むサーキットをもてば，そのサーキットを**オイラーサーキット** (Euler circuit) と呼び，G を**オイラーグラフ** (Euler graph) と呼ぶ．また，連結グラフ $G = (V, E)$ がすべての辺を含むクローズドでないトレイルをもてば，そのトレイルを**オイラートレイル** (Euler trail) と呼ぶ．この定義から，グラフの図を一筆書きで書いて最初に筆を置いたところに戻って書き終えることができれば，そのグラフがオイラーサーキットをもつことがわかる．一方，グラフの図を一筆書きで書いて最初に筆を置いたところ以外のところに着いて書き終えることができれば，そのグラフがオイラートレイルをもつことがわかる．単一の孤立点からなるグラフは，長さが0のオイラーサーキットをもつ．

オイラーグラフの名前は，数学者レオンハルト・オイラー（Leonhard Euler, 1707 年 – 1783 年）が有名な**ケーニヒスベルクの橋の問題** (Königsberg bridge problem) を解いたことに由来する．この問題は，図 4.1 の左側に描かれている川と中州と橋があったとき，すべての橋をちょうど 1 回ずつ通って出発地点に戻ることができるかという問題であり，図 4.1 の右側のグラフがオイラーサーキットをもつか否かを判定する問題と同値である．右側のグラフはオイラーグラフでないので，ケーニヒスベルクの橋の問題の解は「できない」という否定的な解となる．

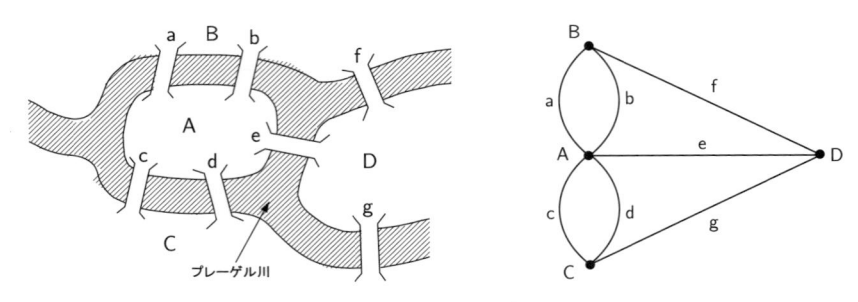

図 4.1 ケーニヒスベルクの橋の概略図とそのモデル化されたグラフ

与えられたグラフがオイラーグラフか否かを判定することは容易であり，オイラーグラフのオイラーサーキットを見つける効率のよいアルゴリズムが知られている．オイラーサーキットを見つけるアルゴリズムは，最近ではバイオインフォマティクス（生物情報科学）の分野で短い DNA の断片から元の長い塩基配列を再構築する配列アセンブリングの技術に応用されている [6]．

4.2 オイラーグラフの特徴付け

この節では，オイラーグラフを次数により特徴付ける．次の補題は，オイラーサーキットの定義から明らかである．

補題 4.1 オイラーグラフの点次数はすべて偶数である．

（証明）オイラーサーキット上，オイラーグラフのすべての辺がちょうど 1 回ずつ出現し，各点の両側にはその点に接続している 2 本の辺が並ぶ．特に，自己ループの両側には同一の点が並ぶ．このとき，その点に接続している辺のうち，自己ループは 2 回現れ，それ以外の辺は 1 回現れる．したがって，各点 v について，オイラーサーキット上の v の出現回数の 2 倍が v の次数になる． （証明終り）

グラフがオイラートレイルをもてば，その終点と始点を結ぶ辺をそのグラフに付け加えてできるグラフはオイラーグラフになる．したがって，補題 4.1 から，グラフがオイラートレイルをもてば，奇数次数の点をちょうど 2 つもたなければならないことがわかる．

補題 4.2 すべての点の次数が 2 以上であるグラフはサイクルをもつ．

（証明） グラフ $G = (V, E)$ のどの点の次数も 2 以上であると仮定する．G が自己ループや多重辺をもてば，それらがサイクルを含むので，G は単純グラフであると仮定する．このとき，G の各点には 2 本以上の辺が接続しているので，任意の点 v を始点とするウォーク W を同じ点が 2 回現れるまで延長することができる．ただし，始点と終点を除いて各点の両側には異なる辺が並ぶようにする．この操作において最初に 2 回現れた点を w とおく．このとき，W の中の最初の w の出現から 2 回目の w の出現までの間の部分は，サイクルになっている．

（証明終り）

補題 4.3 グラフ $G = (V, E)$ に共通の辺をもたない 2 つのサーキット C_1, C_2 で C_1 と C_2 が共通の点 v をもつものが存在するならば，G に C_1 と C_2 の両方の辺からなるサーキットが存在する．

（証明） 図 4.2 に示すように，点 v を始点として，最初に C_1 のすべての辺を通って v に戻ってから C_2 のすべての辺を通って v に戻れば，C_1 と C_2 の両方の辺からなるサーキットになる．

（証明終り）

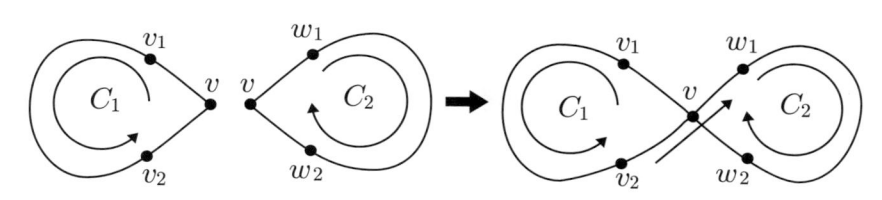

図 4.2 2 つのサーキットの結合

次の定理は，点の次数だけでオイラーグラフを特徴付けている．

定理 4.1 (Euler) $G = (V, E)$ が連結グラフであるとき，G のすべての点の次数が偶数であることは，G がオイラーグラフであるための必要十分条件である．

（証明） 補題 4.1 より，すべての点の次数が偶数である連結グラフ $G = (V, E)$ がオイラーサーキットをもつことを示せば十分である．このことをグラフの辺の本数に関する帰納法で証明する．

G が 1 点だけからなり辺をもたないなら，定義より G はオイラーグラフである．

次に，$n \geq 1$ とし，G は n 本の辺からなり，かつ，すべての点の次数が偶数である連結グラフであるとし，さらに次の命題（帰納法の仮定）が成り立つと仮定する．

n 本より少ない辺からなり，かつ，すべての点の次数が偶数である連結グラフは，オイラーサーキットをもつ．

補題 4.2 より G はサイクル C をもつ．C が G の辺をすべて含めば，C が G のオイラー

サーキットである．以下，C に含まれない G の辺が存在すると仮定する．

G から C の辺をすべて除去してできるグラフ $G-C$ の点 v の次数 $d_{G-C}(v)$ は，v が C に含まれなければ G における v の次数 $d_G(v)$ に等しく，v が C に含まれれば $d_G(v)-2$ に等しい．したがって，$G-C$ の連結成分は，すべて n 本より少ない辺からなり，かつ，「すべての点の次数が偶数である連結グラフである」という条件を満たす．したがって，帰納法の仮定より，$G-C$ の連結成分は，すべてオイラーサーキットをもつ．$G-C$ の連結成分を $G_1, G_2, \cdots, G_k$ とおき，各 G_i がもつオイラーサーキットを C_i で表せば，G の辺集合 E は，互いに共通の辺をもたないサーキット $C, C_1, C_2, \ldots, C_k$ に分解することができる．これら $k+1$ 個のサーキットに k 回補題 4.3 を適用すれば，G のすべての辺を含む単一のサーキット，すなわちオイラーサーキットが得られる． (証明終り)

定理 4.1 より，連結グラフ G がちょうど 2 個の奇数次数の点をもつことと G がオイラーグラフから 1 本の辺を除去して得られることが同値であることになり，次の系が導かれる．

系 4.1 $G=(V,E)$ が連結グラフであるとき，G が奇数次数の点をちょうど 2 個もつことは，G がオイラートレイルをもつための必要十分条件である．

さらに，次の定理 4.2 が示すように，オイラーグラフは，辺集合が辺素な（互いに素な，共通な辺をもたない）サイクルに分解できる連結グラフとして特徴付けることができる．

定理 4.2 1 本以上の辺をもつグラフ G のすべての点の次数が偶数であることは，G の辺集合が辺素なサイクルの和集合として表せるための必要十分条件である．

（証明）G の辺集合が辺素なサイクルの和集合として表せるとき，G のすべての点の次数が偶数であることは明らかである．

一方，G の連結成分で辺をもつものに補題 4.2 を適用してサイクル C を見つけ，G を $G-C$ に置き換えるという操作を G の辺がなくなるまで繰り返せば，除去したすべてのサイクル $C_1, C_2, \ldots, C_k$ のどの 2 つも辺素であり，それらの和集合は G の辺集合である．（証明終り）

4.3 オイラーサーキットの検出

定理 4.1 の証明からもわかるように，オイラーグラフには，一般に多数のオイラーサーキットが存在し，それらをすべて見つけ出すには大変な労力が必要である．一方，次に示す定理 4.3 を用いて，トレイルを逐次延長する方法で 1 つのオイラーサーキットを見つけ出すのは，比較的容易である．このアルゴリズムを**フラーリ**(Fleury) のアルゴリズム [5] と呼ぶ．

定理 4.3 連結グラフ $G=(V,E)$ は奇数次数の点をちょうど 2 個もつとし，そのうちの 1 つを v とおく．このとき，v に接続している辺で橋であるものは高々 1 本しか存在しない．

（証明）v 以外のもう 1 つの奇数次数の点を w とおき，v から w へのパスの 1 つを P とおく．さらに，P 上の v と隣接している点を v_1 で，P 上の v と v_1 を結ぶ辺を e_1 で表す．こ

のとき，v に接続している e_1 以外の辺 e' が橋であるなら，e' に接続している v 以外の点を v' とおいて ($e' = vv'$)，次のように矛盾が導かれる．したがって，v に接続している e_1 以外の辺は，すべて橋ではない．

グラフ G の奇数次数の点が v と w の 2 つだけなので，$G - e'$ において，点 v' と w の次数は奇数であり，かつ，それ以外の点の次数はすべて偶数である．さらに，$G - e'$ は非連結グラフであり，$G - e'$ において，点 v と v' は異なる連結成分に属し，かつ，点 v と w は，パス P で結ばれているので同じ連結成分に属する．したがって，$G - e'$ において，v' と w は異なる連結成分に属する．したがって，$G - e'$ における w が属する連結成分 G_w に含まれる奇数次数の点は w のみであるが，これは握手定理（定理 2.1）と矛盾する． （証明終り）

以下にフラーリのアルゴリズムの詳細を述べる．

フラーリのアルゴリズム

　入力: オイラーグラフ $G = (V, E)$

　出力: G のオイラーサーキット C

(1) G の任意の点 v_0 を選び，グラフ G_0 を G とし，$i = 0$ とする．

　　アルゴリズムの概略は，次の通りである．番号 i が付いた G の部分グラフ G_i とその点 v_i が決まっているとき，グラフ G_i における点 v_i の次数に関する 3 通りの条件に応じて G_i の点 v_{i+1} を選ぶ（(3) の (a), (b), (c)）．さらに，G_i から辺 $e_{i+1} = v_i v_{i+1}$ を除去し，それにより点 v_i が孤立点になったら v_i も除去して G_{i+1} をつくる．ただし，点 v_i と v_{i+1} を結ぶ辺が複数あれば（多重辺），それらのうちのどれを辺 e_{i+1} に選んでもよい．この操作を番号 $i = 0$ から始めて 1 点からなる空グラフ G_m が得られるまで繰り返す．その結果，得られた点 v_i と辺 e_{i+1} を交互に並べて得られるウォーク

$$v_0 \xrightarrow{e_1} v_1 \xrightarrow{e_2} \cdots \xrightarrow{e_{m-1}} v_{m-1} \xrightarrow{e_m} v_m$$

が求めるオイラーサーキットである．上の操作において G_i から G_{i+1} をつくる際にちょうど 1 辺を G_i から除去するので，m は G の辺数である．また，最後に残る 1 点 v_m は v_0 と必ず一致する．

(2) 点 v_i がグラフ G_i において孤立点であれば手続きを終了する．終了時点で，i はグラフ G の辺数 m であり，グラフ G_m は点 v_0 だけからなる空グラフになっている．このとき，

$$v_0 \xrightarrow{e_1} v_1 \xrightarrow{e_2} \cdots \xrightarrow{e_{m-1}} v_{m-1} \xrightarrow{e_m} v_m = v_0$$

がオイラーサーキットである．

(3) グラフ G_i とその点 v_i が決まっているとき，次のようにして G_i の点 v_{i+1} と辺 $e_{i+1} = v_i v_{i+1}$ を選ぶ．さらに，G_i から辺 e_{i+1} を除去し，それにより点 v_i が孤立点になったら v_i も除去して G_{i+1} をつくる．

(a) G_i における点 v_i の次数が 2 以上の偶数であるとき，G_i において v_i に隣接している任意の点を v_{i+1} として選び，辺 e_{i+1} は点 v_i と v_{i+1} を結ぶ辺とする．ただし，

点 v_i と v_{i+1} を結ぶ辺が複数あれば（多重辺），それらのうちのどれを辺 e_{i+1} に選んでもよい．次に，$G_{i+1} = G_i - e_{i+1}$ とする．
  (b) G_i における点 v_i の次数が 1 であるとき，点 v_{i+1} を v_i と隣接している唯一の点とし，辺 e_{i+1} は点 v_i と v_{i+1} を結ぶ唯一の辺とする．次に，$G_{i+1} = G_i - v_i$ とする．
  (c) G_i における v_i の次数が 3 以上の奇数であるとき，定理 4.3 より，v_i に接続している辺の中に橋でないものが存在する．G_i において v_i に接続している橋でない任意の辺を e_{i+1} として選び，e_{i+1} の端点のうち v_i でない方を v_{i+1} とする．ただし，e_{i+1} が自己ループなら v_i を v_{i+1} とする．次に $G_{i+1} = G_i - e_{i+1}$ とする．

(4) i を 1 増やし，(2) に戻る．

フラーリのアルゴリズムのステップ (2) および (3) の開始時，G_i は，G からトレイル
$$T = v_0 \xrightarrow{e_1} v_1 \xrightarrow{e_2} \cdots \xrightarrow{e_{i-1}} v_i$$
の辺をすべて除去し，さらに，それにより生じた v_i 以外の孤立点をすべて除去したものになっている．したがって，G_i において v_0 と v_i 以外の点の次数はすべて偶数であり，

1. T がクローズドなら $v_0 = v_i$，かつ，v_0 の次数は偶数であり，
2. T がクローズドでないなら $v_0 \neq v_i$，かつ，v_0 と v_i の次数はどちらも奇数である．

したがって，(3)(a) の場合，v_i の次数は偶数なので T はクローズドで v_i は v_0 に等しく，G_i が連結グラフならば G_i はオイラーグラフであり，G_i から辺 e_{i+1} を除去してできる G_{i+1} は連結グラフである．次に，(3)(b) の場合，G_i が連結グラフならば G_i から次数が 1 の点 v_i を除去してできる G_{i+1} は連結グラフである．次に，(3)(c) の場合，連結グラフ G_i から橋でない辺 e_{i+1} を除去してできる G_{i+1} は連結グラフである．

ステップ (2) の開始時点で点 v_i が孤立点であるならば，v_i の次数は 0 で偶数であるので T はクローズドであり v_i は v_0 に等しい．さらに，G_i は連結グラフであるので G_i は点 v_0 だけからなる空グラフであり，T は G の辺をすべて含むことがわかる．すなわち，T はオイラーサーキットである．

例 4.1 図 4.3 のグラフ $G_0 = G$ のオイラーサーキットをフラーリのアルゴリズムで求める．出発点を $v_0 = A$ とする．最初は (3)(a) の場合が該当し e_1 として任意の辺を選ぶことができる．ここでは，$e_1 = AE$, $v_1 = E$, $G_1 = G_0 - e_1$ とする．

G_1 において点 $v_1 = E$ の次数が 3 であるので (3)(c) の場合が該当する．このとき，辺 ED は橋であり，e_2 として選ぶことはできない．一方，辺 EB と EC は橋でないので，e_2 としてどちらを選んでもよい．ここでは，$e_2 = EB$, $v_2 = B$, $G_2 = G_1 - e_2$ として手続きを進める．

G_2 において点 $v_2 = B$ の次数が 1 であるので，(3)(b) の場合が該当し，$e_3 = BC$, $v_3 = C$, $G_3 = G_2 - v_2$ となる．

これ以降，G_3, G_4, G_5 において点 v_3, v_4, v_5 の次数がすべて 1 であり，

$$e_4 = CE, \quad v_4 = E, \quad e_5 = ED, \quad v_5 = D, \quad e_6 = DA, \quad v_6 = A = v_0$$

となり，オイラーサーキット

$$A - E - B - C - E - D - A$$

が得られる．

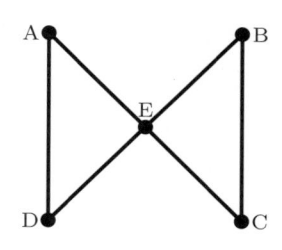

図 4.3 オイラーグラフ G

4.4 有向オイラーサーキット

有向グラフのすべての辺を含む有向サーキットをその有向グラフの**有向オイラーサーキット** (directed Euler circuit) と呼び，有向オイラーサーキットをもつ有向グラフを**有向オイラーグラフ** (directed Euler graph) と呼ぶ．次の定理は，有向グラフが有向オイラーグラフであるための必要十分条件を与えている．

定理 4.4 有向グラフ $G = (V, E)$ が弱連結であり，かつ，G のすべての点 $v \in V$ について，v の入次数と出次数が等しい，すなわち

$$id(v) = od(v)$$

が成り立っていることは，G が有向オイラーグラフであるための必要十分条件である．

この定理は，定理 4.1 の有向グラフ版であり，補題 4.2，4.3 の有向グラフ版をつくることにより定理 4.1 の証明と同様にして証明することができる．詳細は，省略する．

4.5 中国人郵便配達問題への応用

オイラーグラフに関連した問題に次の**中国人郵便配達問題** (Chinese postman problem) がある．

> **中国人郵便配達問題：** 最短路問題と同様に各辺に非負の重みが割り当てられている辺重み付きグラフ $G = (V, E)$ について，すべての辺を 1 回以上通るクローズドウォーク C で重みの総和が最小のものを求めよ．

グラフ G は，単純グラフである必要はない．問題の名前は，この問題が 1962 年に公表された中国人数学者 管梅谷による論文の中に現れたことに基づいてアメリカ人研究者により命名されたことに由来する [4]．

この問題は，後に述べるハミルトングラフ判定問題や巡回セールスマン問題と同様に **NP 完全問題** (NP-complete problem) と呼ばれる問題の 1 つであり，解くことは計算時間の観点から困難であると強く予想されている．一方，グラフ G がオイラーグラフであれば，どのオイラーサーキットも中国人郵便配達問題の解になるので解決は容易である．さらに，G がオイラーグラフでなくてもオイラーグラフに近い構造であるとき容易に解ける場合がある．以下では，G がオイラートレイルをもつ場合，すなわち奇数次数の点をちょうど 2 個もつ場合の中国人郵便配達問題の解法を述べる．

v_0, v_1 をグラフ $G = (V, E)$ の 2 個の奇数次数の点とする．G にダイクストラ法を適用して v_0 と v_1 の間の最短路 P を求め，G に P 上の辺を多重辺として重みも含めて付け加えて G' をつくる．G' はオイラーグラフであり，G' のオイラーサーキットに対応する G のウォーク C は G に対する中国人郵便配達問題の解になっている．この理由は，次の通りである．

G に対する中国人郵便配達問題の解のウォークを W とし，W が G の辺 e を通過する回数を $k(e)$ で表す．$k(e) > 1$ を満たす G の各辺 e について重みも含めた e を G に $k(e) - 1$ 本付け加えることによって，G を部分グラフにもつ重み付きグラフ $G'' = (V, E'')$ をつくる．このとき，W は G'' のオイラーサーキットになっている．G'' においてすべての点の次数が偶数であり，かつ，G において v_0 と v_1 の次数が奇数で v_0 と v_1 以外の点の次数がすべて偶数であるので，G'' から G の辺集合 E を除去して得られる重み付きグラフ $G'' - E$ において，点 v_0 と v_1 のみ次数が奇数であり，それら以外の点の次数はすべて偶数である．したがって，握手定理（定理 2.1）より $G'' - E$ において v_0 と v_1 は同じ連結成分に属していなければならない．したがって，W が 2 回以上通過する G の辺からなる G における v_0 から v_1 へのパスが存在し，前段落で述べた求め方で得られた G のウォーク C が G に対する中国人郵便配達問題の解になっていることが示された．

例 4.2 図 4.4 の左側の重み付きグラフを G とおく．グラフ G には次数 3 の点が A と C の 2 つあり，残りの点はすべて偶数次数である．上に述べた解法に従って点 A と C の間の最短路を求めると，

$$A - E - D - F - C$$

を得る．グラフ G に辺 AE, ED, DF, FC を付け加えると図 4.4 の右側のオイラーグラフ G' になり，グラフ G' のオイラーサーキットに対応する G のウォークは，どれも G に対する中国人郵便配達問題の解である．たとえば，

$$A - E - D - F - C - B - F - E - B -$$
$$A - D - C - F - D - E - A$$

が解の例であり，この問題の解の重みの総和は 45 である．

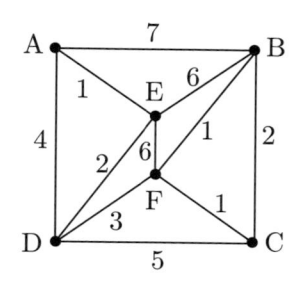

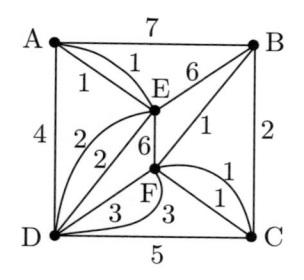

図 4.4 郵便配達問題とそのオイラーグラフ化

4.6 ハミルトングラフ

グラフ G のサイクル C が G のすべての点を通るとき，C をグラフ G の**ハミルトンサイクル** (Hamilton cycle) と呼び，ハミルトンサイクルをもつグラフを**ハミルトングラフ** (Hamilton graph) と呼ぶ．定義より，グラフ G が n 個の点からなるとき，G のサイクル C の長さが n であることは，C が G のハミルトンサイクルであるための必要十分条件である．

一方，グラフ G のすべての点を通るクローズドでないパスを G の**ハミルトンパス** (Hamilton path) と呼ぶ．グラフ G がハミルトンサイクル C をもてば，定義より C から任意の 1 辺 e を除去して得られるパス $C - e$ はハミルトンパスであるので，ハミルトングラフは，ハミルトンパスをもつ．

ハミルトンサイクルの名は，グラフがハミルトンサイクルをもつかどうかを調べる問題を最初に研究したイギリスの数学者ウィリアム・ローワン・ハミルトン（William Rowan Hamilton, 1805 年 – 1865 年）に由来する．たとえば，空間図形として 5 種類の正多面体（正四面体，正八面体，立方体，正二十面体，正十二面体）が存在するが，それらの頂点（3 つ以上の面が交差しているところにある点）をグラフの点とみなし，それらの稜（2 つの面が交差しているところにある線分，両端の点は頂点）をグラフの辺とみなすことにより得られるグラフ（**プラトングラフ**または**正多面体グラフ** (Platonic graph)）は，すべてハミルトングラフである．また，2 以上のすべての整数 k について，次に定義する k **立方体グラフ** (k-cube graph) Q_k もハミルトングラフである．

正整数 k に対して，k 立方体グラフ $Q_k = (V, E)$ は，0 または 1 を成分とする 2^k 個の k 次元ベクトルすべてからなる集合を点集合 V とし，2 点 $a = (a_1, a_2, \ldots, a_k)$, $b = (b_1, b_2, \ldots, b_k)$ が隣接しているための必要十分条件が次であるような単純グラフである．

$a_i \neq b_i$ を満たす番号 i はちょうど 1 つである．

この条件は，$\sum_{i=1}^{k} |a_i - b_i| = 1$ あるいは $\sum_{i=1}^{k} (a_i - b_i)^2 = 1$ のような数式でも表すことができる．たとえば，Q_2 が 4 点からなるサイクルグラフ C_4 と同形であり，Q_3 が立方体に対応するプラトングラフと同形であることがわかる．さらに，すべての正整数 k について，Q_k は 点次数が k の正規グラフであり，かつ，2 部グラフである．Q_k が 2 部グラフであることは，Q_k の点集合 V を点 $v = (x_1, x_2, \ldots, x_k)$ の重み $x_1 + x_2 + \cdots + x_k$ が偶数であるもの V_E

と奇数であるもの V_O に2分割したとき，V_E の2点を結ぶ辺も V_O の2点を結ぶ辺も存在しないことからわかる．

プラトングラフや立方体グラフがハミルトングラフであることの例として，図 4.5 に破線で正十二面体に対応するプラトングラフと3立方体グラフ Q_3 のハミルトンサイクルを示す．

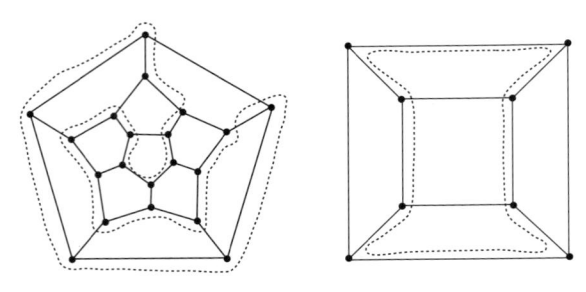

図 4.5 ハミルトングラフとハミルトンサイクル

もう1つの例として，チェスにおいて盤上でナイトの駒がつくるグラフを挙げる．チェス盤は，駒をおく正方形の 64 個のマス目が8行8列に並んだものであり，市松模様に塗り分けられている（図 4.6 左）．ナイトの駒は，1回の動作で左右に ± 1 かつ上下に ± 2，または左右に ± 2 かつ上下に ± 1 の合計8通り

$(+1, +2)$, $(+1, -2)$, $(-1, +2)$, $(-1, -2)$, $(+2, +1)$, $(+2, -1)$, $(-2, +1)$, $(-2, -1)$

のうちの1つの方法で動くことができる（図 4.6 右）．ただし，動くと盤の外に出てしまうような方法は選べない．このとき，チェス盤の 64 個のマス目を点集合として，2つのマス目の間にナイトの駒が1回の動作で行き来できるとき辺で結ぶことにより得られる単純グラフを 8×8 ナイトグラフと呼ぶことにする（図 4.7 左）．

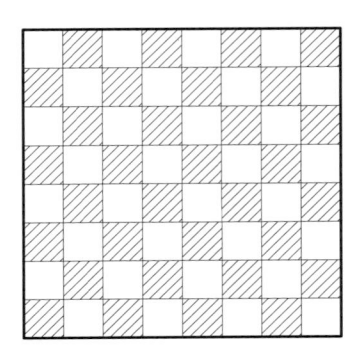

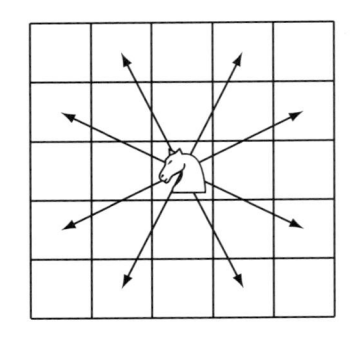

図 4.6 チェス盤とナイトの動き

盤の左下隅のマス目を $(1, 1)$ で，右上隅のマス目を $(8, 8)$ で表すことにする．8×8 ナイトグラフが連結グラフであることは，盤上ナイトの駒がどこにあっても上下左右にあるマス目に

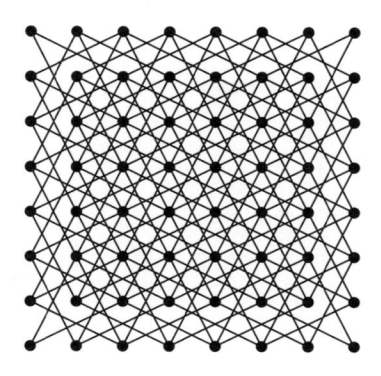

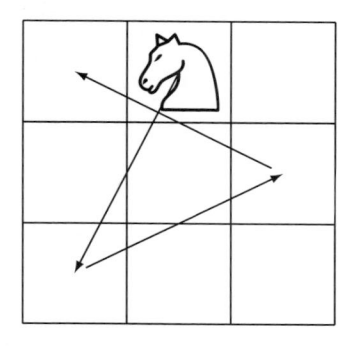

図 4.7 8×8ナイトグラフとナイトの動き

移動することができることからわかる．たとえば $(2,8)$ にあるナイトの駒が $(1,8)$ に移動するには，$(-1,-2),(+2,+1),(-2,+1)$ と動けばよい（図 4.7 右）．一方，8×8ナイトグラフがハミルトンサイクルをもつことが知られている．同様に，6×6 のマス目からなる盤を使ってつくった 6×6 ナイトグラフもハミルトンサイクルをもつが，4×4ナイトグラフは，連結グラフではあるがハミルトンサイクルはもたないことが知られている．また，どのような 2 つの奇数 m,n を選んでも $m×n$ ナイトグラフは，ハミルトンサイクルをもたないことを証明することができる（演習問題 設問 5 (3)）．

4.7 ハミルトンサイクルをもつための十分条件

グラフがオイラーサーキットをもつか否かを判定する問題と違い，グラフがハミルトンサイクルをもつか否かを判定する問題（ハミルトングラフ判定問題）は，NP 完全問題と呼ばれる解決が計算時間の観点から困難であると強く予想されている問題の 1 つである．しかしながら，与えられたグラフが多数の辺をもてばハミルトンサイクルをもつという形のハミルトンサイクルをもつための十分条件がいくつか知られている．ここでは，そのような形の十分条件の代表的なものを取り上げる．

定理 4.5（Ore, 1960 年 [1]）$G = (V,E)$ は n 個の点からなる単純グラフとし，$n \geq 3$ が成り立っているとする．このとき，隣接していない G の任意の 2 点 v と w について

$$d(v) + d(w) \geq n$$

が成り立っているならば，G はハミルトンサイクルをもつ．

系 4.2（Dirac, 1952 年 [3]）$G = (V,E)$ は n 個の点からなる単純グラフとし，$n \geq 3$ が成り立っているとする．このとき，G の任意の点 v について

$$d(v) \geq n/2$$

が成り立っているならば，G はハミルトンサイクルをもつ．

系 4.2 の前提から，任意の 2 点が互いに隣接していようがいまいが，それらの点の次数の和がグラフの点の個数 n より小さくないことが直ちに導かれるので，定理 4.5 が成り立てば系 4.2 も成り立つことは明らかである．

以下に定理 4.5 の証明を述べる．証明で使われる 2 つの補題は，証明の後に記載する．

（証明）（定理 4.5 の証明）G の 3 点 x, y, z のどの 2 つも隣接していれば，$x - y - z$ は長さ 2 のパスである．それらのうちの 2 点，たとえば x と y が隣接していないとすれば，$d(x) + d(y) \geq 3$ より x または y の次数は 2 以上である．したがって，G には長さ 2 のクローズドでないパス P_3 が存在する．G のサイクルまたはクローズドでないパスに対する次の 2 種類の手続きを定義することができる．

(1) $3 \leq k \leq n$ のとき G の長さ $k-1$ のクローズドでないパス P_k から長さ k のサイクル C_k または長さ $k+1$ のサイクル C_{k+1} をつくる手続き（辺の本数増加）．

(2) $3 \leq k < n$ のとき G の長さ k のサイクル C_k から長さ k のクローズドでないパス P_{k+1} をつくる手続き（点の個数増加）．

これらの手続きが常に実行できれば，P_3 から出発して，(1) と (2) を交互に繰り返し使って長さ n のサイクル C_n，すなわちハミルトンサイクルが完成する．

初めに，常に手続き (2) が実行可能であることを示す．C_k 上の点 s と C_k に属さない点 t を任意に選ぶ．s と t が G において隣接していないとき，補題 4.5 より，C_k 上の点 v と C_k に属さない点 w の組で G において隣接しているものが存在する．s と t が隣接しているとき，s を v とし，t を w とする．v に接続している C_k の辺の 1 つを $e = vv'$ とおいたとき，$C_k - e$ に辺 vw を付け加えたものは，w から v' への長さ k のクローズドでないパスになる（図 4.8）．以上で，常に手続き (2) が実行可能であることが示された．

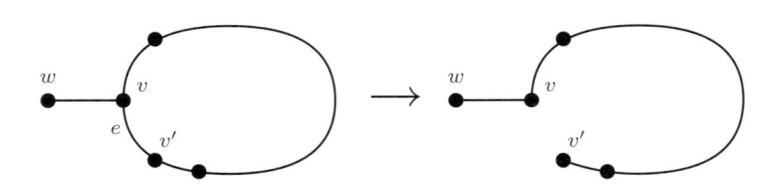

図 4.8 C_k から P_{k+1} をつくる手続き

次に，常に手続き (1) が実行可能であることを示す．G の長さ $k-1$ のクローズドでないパスを $P_k = v_1 - v_2 - \cdots - v_k$ で表す．もし v_1 と v_k を結ぶ G の辺が存在すれば，$v_1 - v_2 - \cdots - v_k - v_1$ は，長さ k のサイクルである．したがって，以下では v_1 と v_k を結ぶ G の辺は存在しない ($v_1 v_k \notin E$) と仮定する．このとき，定理の仮定より

$$d(v_1) + d(v_k) \geq n$$

が成り立ち，補題 4.4 より，G は長さ k または $k+1$ のサイクルをもつ．以上で，常に手続

き (1) が実行可能であることが示され，定理の証明が完了した． (証明終り)

補題 4.4 k, n を $3 \leqq k \leqq n$ を満たす整数とする．n 点からなるグラフ $G = (V, E)$ が長さ $k-1$ のクローズドでないパス $P = v_1 - v_2 - \cdots - v_k$ をもち，その始点 v_1 と終点 v_k を結ぶ G の辺は存在せず，その始点 v_1 と終点 v_k の次数の和が n 以上である，すなわち，

$$d(v_1) + d(v_k) \geq n$$

であるならば，G は長さ k または $k+1$ のサイクルをもつ．

（証明） もし $v_1 w \in E$, $v_k w \in E$, $w \notin V(P)$ を満たす点 w が存在すれば，$w - v_1 - v_2 - \cdots - v_k - w$ は，長さ $k+1$ のサイクルになる．ただし，$V(P) = \{v_1, v_2, \ldots, v_k\}$ である．したがって，以下ではそのような点 w が存在しないと仮定する．この仮定と G が単純グラフであることより，点 v_1 または v_k に接続している辺のうち $V(P)$ 以外の点に接続しているものの本数は $V(P)$ 以外の G の点の個数 $n-k$ 以下であることが導かれる．したがって，G における点の集合 $V(P)$ による誘導部分グラフ G_P において

$$d(v_1) + d(v_k) \geq k$$

が成り立ち，したがって，$I = \{i \in \{2, 3, \ldots, k-1\} \mid v_1 v_i \in E(G_P)\}$ および $J = \{j \in \{3, 4, \ldots, k\} \mid v_{j-1} v_k \in E(G_P)\}$ とおけば，$|I| + |J| \geqq k$ および $I \cup J \subseteq \{2, 3, \ldots, k\}$ が成り立つ．ただし，$E(G_P)$ は，グラフ G_P の点集合を表す．

したがって，$x \in I \cap J$ を満たす番号 $x \in \{3, 4, \ldots, k-1\}$ が存在する．すなわち，

$$v_1 v_x \in E(G_P), \quad \text{および} \quad v_{x-1} v_k \in E(G_P)$$

を満たす番号 $x \in \{3, 4, \ldots, k-1\}$ が存在する．このとき，

$$v_1 - v_2 - \cdots - v_{x-2} - v_{x-1} - v_k - v_{k-1} - \cdots - v_{x+1} - v_x - v_1$$

は，長さ k の G_P のサイクルである（図 4.9）． (証明終り)

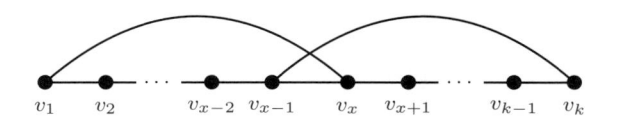

図 4.9 長さ $k-1$ のパスから長さ k のサイクルをつくる手続き

補題 4.5 k, n を $3 \leq k < n$ を満たす整数とする．n 点からなる単純グラフ $G = (V, E)$ が長さ k のサイクル C をもち，C 上の点 s と C に属さない点 t で点次数の和が n 以上である，

すなわち
$$d(s) + d(t) \geq n$$
を満たすものが存在すれば，C 上の点 v と C に属さない点 w の組で G において隣接しているもの（$vw \in E$ を満たす $v \in V(C)$ と $w \in V - V(C)$）が存在する．

（証明） G において s と隣接している C に属さない点も t と隣接している C 上の点もどちらも存在しないと仮定して矛盾を導く．

G が単純グラフであり，s が C 上の点としか隣接していないので，$d(s) \leq k-1$ が成り立つ．同様に，G が単純グラフであり，t が C に属さない点としか隣接していないので，$d(t) \leq (n-k)-1$ が成り立つ．したがって，
$$d(s) + d(t) \leq n-2$$
が成り立つが，これは，補題にある点 s と t についての条件と矛盾する． （証明終り）

補題 4.4 より，n 点からなるグラフ G の隣接していない 2 点 v, w について「v と w の次数の和が n 以上なら，G に v, w を結ぶ辺を付け加える」という操作を施してできるグラフを G' とおいたとき，G がハミルトンサイクルをもつことと G' がハミルトンサイクルをもつことが同値になることが導かれる．したがって，「次数の和が n 以上である異なる 2 点 v, w の組すべてについて v と w を結ぶ辺が存在する」ようになるまで G に上の操作を繰り返し適用して得られるグラフを G の**閉包** (closure) と呼ぶことにすれば，G がハミルトンサイクルをもつことと G の閉包がハミルトンサイクルをもつことが同値になる．たとえば，定理 4.5 の条件を満たすグラフの閉包は，完全グラフである．

さらに，Chvátal による次の定理が知られている [2]．証明は，省略する．

定理 4.6（V. Chvátal, 1972 年） 整数列 $(a_1, a_2, \ldots, a_n)$ は，$0 \leq a_1 \leq a_2 \leq \cdots \leq a_n$ および $n \geq 3$ を満たすとする．

このとき，

　任意の $i \leq n/2$ について，$a_i \leq i$ ならば $a_{n-i} \geq n-i$ が成り立つ

ことは，n 点からなり，かつ，次の条件を満たすすべてのグラフ G がハミルトンサイクルをもつための必要十分条件である．

条件: G の次数列を $(d_1, d_2, \ldots, d_n)$ とおいたとき，
$$d_1 \geq a_1, \quad d_2 \geq a_2, \quad \ldots, \quad d_n \geq a_n$$
が成り立つ．

4.8 トーナメント

有向グラフ G について，G のすべての点を通る有向サイクルを G の**有向ハミルトンサイク**

ル (directed Hamilton cycle) と呼び，有向ハミルトンサイクルをもつ有向グラフを**有向ハミルトングラフ** (directed Hamilton graph) と呼ぶ．さらに，有向グラフ G のすべての点を通るクローズドでない有向パスを G の**有向ハミルトンパス** (directed Hamilton path) と呼ぶ．

有向グラフで基礎グラフが完全グラフになっているものを**トーナメント** (tournament) と呼ぶ．図 4.10 に 4 点からなるトーナメントの例を挙げる．すべてのトーナメントは，有向ハミルトンパスをもつ．さらに，強連結なトーナメントは，有向ハミルトンサイクルをもつ．このことは，以下で強連結成分の概念を応用して導かれる．

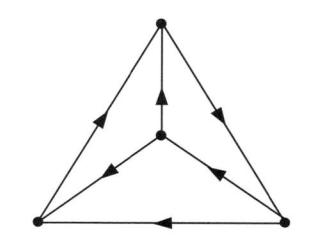

図 **4.10** 4 点からなるトーナメント

定理 4.7 すべてのトーナメントは，有向ハミルトンパスをもつ．

（証明） $T = (V, E)$ を n 点からなるトーナメントとする．T が長さ $k - 1$ の有向パス $P = v_1 \to v_2 \to \cdots \to v_k$ をもち，かつ，$k < n$ であれば，次の手続きにより長さ k の有向パス P' をつくることができる．

$v_1, v_2, \ldots, v_k$ 以外の点 $w \in V$ をとる．$wv_1 \in E$ であれば $P' = w \to v_1 \to v_2 \to \cdots \to v_k$ とし，$v_k w \in E$ であれば，$P' = v_1 \to v_2 \to \cdots \to v_k \to w$ とすれば，P' は長さ k の有向パスである．$wv_1 \in E$ および $v_k w \in E$ がどちらも成り立たなければ，トーナメントの定義より，$v_1 w \in E$ および $wv_k \in E$ が成り立つ．したがって，i を $wv_i \in E$ を満たす最小の番号とすれば，$v_{i-1} w \in E$ が成り立つ．したがって，

$$P' = v_1 \to v_2 \to \cdots \to v_{i-1} \to w \to v_i \to v_{i+1} \to \cdots \to v_k$$

とすれば，P' は長さ k の有向パスである（図 4.11）．

上に示した P から P' をつくる手続きを 1 つの有向辺からなる長さ 1 の有向パスから始めて $n - 2$ 回繰り返せば，長さ $n - 1$ の T の有向パスをつくることができる．これは T の有向ハミルトンパスである． （証明終り）

さらに，次の定理 4.8 が示すように，強連結なトーナメントは，すべて有向ハミルトングラフである．有向グラフについても有向ハミルトングラフであるか否かを判定する問題は NP 完全問題であり，解決が計算時間の観点から困難であると予想されているが，入力をトーナメントに制限すればそのトーナメントが強連結であるか否かを判定するだけで解決する．

定理 4.8 は，後に記載した補題 4.6 を使って定理 4.7 と同様に証明することができる．定理 4.8 の証明は，章末の演習問題（設問 8）とする．

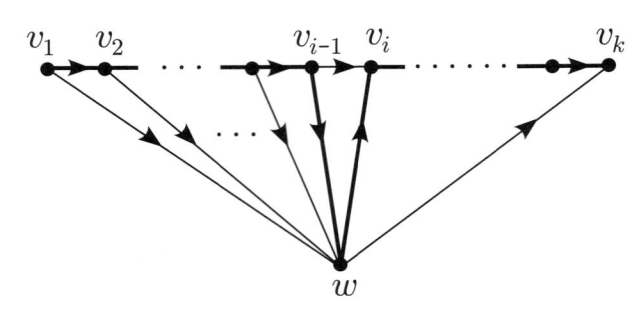

図 4.11　有向パスの延長

定理 4.8 n は $n \geq 3$ を満たす整数とする．n 個の点からなる強連結なトーナメントは，長さ $3, 4, \ldots, n$ の有向サイクルをすべてもつ．

次の補題 4.6 の証明には，有向グラフにおける 2 点間の距離と強連結成分の概念が重要な役割を演じる．

補題 4.6 $T = (V, E)$ が 4 個以上の点からなる強連結なトーナメントであるならば，T の点 $v \in V$ で T から v を除去してできるグラフ $T - v$ が強連結なトーナメントであるものが存在する．

（証明）　T の点 $w \in V$ を任意に選ぶ．$T - w$ が強連結であれば，$v = w$ とすればよいので，以下 $T - w$ は強連結でないと仮定する．

定理 4.7 で存在が保証されているトーナメント $T - w$ のハミルトンパスを $P = v_0 \to v_1 \to \cdots \to v_l$ で表し，$T - w$ の強連結成分のうち v_0 を含むものを G とおき，v_l を含むものを H とおく．さらに，w から G の点への有向辺の 1 つを wv_G とおき，H の点から w への有向辺の 1 つを $v_H w$ とおく．T が強連結であるためには，これらの辺が存在しなくてはならない．定理 3.4 より，w 以外の T の点 v で，$T - v$ において，w から任意の $u \in V - \{v, w\}$ への有向ウォークが存在し，かつ，任意の $u \in V - \{v, w\}$ から w への有向ウォークが存在するものを見つければ証明が完了する．

G が 2 個以上の点からなるとき，$v \in V - \{w\}$ を G の点で v_G からの距離が最大のものとする．初めに，$T - v$ において w から任意の $u \in V - \{v, w\}$ への有向ウォークが存在することを示す．u が $G - v$ の点であるならば，$G - v$ における v_G から u への有向パス P が存在する．なぜなら，G における v_G から u への有向パスがすべて点 v を通るなら，G における v_G から u への距離が v_G から v への距離よりも大きくなってしまうからである．有向パス P の前に有向辺 wv_G を付けることによって $T - v$ における w から u への有向パスが得られる．さらに，u が G の点でなければ，$w \to v_G \to u$ は $T - v$ の有向パスである（図 4.12）．なぜなら，T が有向辺 uv_G をもてば，$u = v_i$ とおいて T における $\{v_0, v_1, \cdots, v_i\}$ による誘導部分グラフが強連結になってしまうからである．

次に，$T - v$ において任意の $u \in V - \{v, w\}$ から w への有向ウォークが存在することを示す．u が H の点でなければ，$u \to v_H \to w$ は $T - v$ の有向パスである．なぜなら，T が

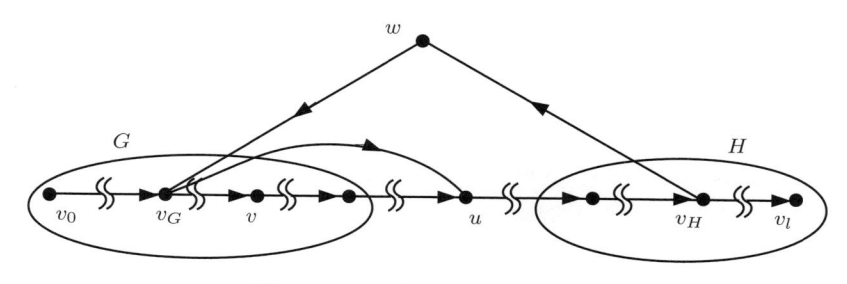

図 4.12 G の点が 2 個以上ある場合

有向辺 $v_H u$ をもてば，$u = v_j$ とおいて T における $\{v_j, v_{j+1}, \cdots, v_l\}$ による誘導部分グラフが強連結になってしまうからである．さらに，u が H の点であるなら，H における u から v_H へのパスの後に有向辺 $v_H w$ を付けることによって u から w への有向パスが得られる．

H が 2 個以上の点からなるとき，$v \in V - \{w\}$ を H の点で v_H への距離が最大のものとする．このとき，$T - v$ において，w から任意の $u \in V - \{v, w\}$ への有向ウォークが存在し，かつ，任意の $u \in V - \{v, w\}$ から w への有向ウォークが存在することを G が 2 個以上の点からなるときと同様に示すことができる．詳細は，省略する．

最後に，G も H も，それぞれちょうど 1 つの点からなると仮定する．このとき，$v_G = v_0$ かつ $v_H = v_l$ が成り立ち，さらに，T が 4 個以上の点からなることから，$l > 1$ が成り立つ．任意の $0 < k \leq l$ について $w \to v_0 \to v_k$ は T の有向パスであり，かつ，任意の $0 \leq k' < l$ について $v_{k'} \to v_l \to w$ は T の有向パスである（図 4.13）．したがって，任意の $v \in \{v_1, v_2, \ldots, v_{l-1}\}$ について，$T - v$ は強連結である． （証明終り）

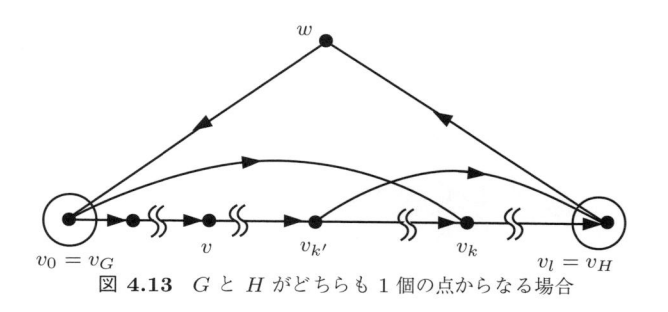

図 4.13 G と H がどちらも 1 個の点からなる場合

4.9 巡回セールスマン問題

与えられたグラフがハミルトングラフであるか否かを判定する問題（ハミルトングラフ判定問題）は，NP 完全問題の 1 つである．このことから，VLSI 設計などの分野で実用上重要である**巡回セールスマン問題** (Traveling Salesman Problem, TSP) もまた NP 完全問題であり，解決が計算時間の観点から困難であると予想されている．

巡回セールスマン問題: 最短路問題と同様に各辺に非負の重みが割り当てられている辺重み付き完全グラフ K_n について，重みが最小のハミルトンサイクルを求めよ．ただし，ハミルトンサイクルの重みは，含まれる辺の重みの総和とする．

n 点からなる完全グラフ K_n の各辺に 1 または 0 の重みが与えられた場合の巡回セールスマン問題がすべて容易に解けたとすれば，以下の説明のようにして，n 点からなる単純グラフ $G = (V, E)$ に対するハミルトングラフ判定問題がすべて容易に解けてしまう．

G を完全グラフ K_n の部分グラフとみなし，K_n の各辺 e について $e \in E$ のとき $w(e) = 0$，$e \notin E$ のとき $w(e) = 1$ とおいて得られる巡回セールスマン問題を解き，得られた重み最小のハミルトンサイクルの重みを W とおく．巡回セールスマン問題の作り方より，$W = 0$ ならば G はハミルトンサイクルをもち，$W > 0$ ならば G はハミルトンサイクルをもたないことは明らかである．

したがって，「巡回セールスマン問題の解決が容易ならハミルトングラフ判定問題の解決も容易である」という命題が成り立つ．この対偶をとれば，「ハミルトングラフ判定問題の解決が容易でないなら巡回セールスマン問題の解決も容易でない」という命題が得られる．ハミルトングラフ判定問題の解決は困難であると強く予想されているので，巡回セールスマン問題の解決も困難であると強く予想されている．

図 4.14 に $n = 5$ の場合の巡回セールスマン問題の例を挙げる．

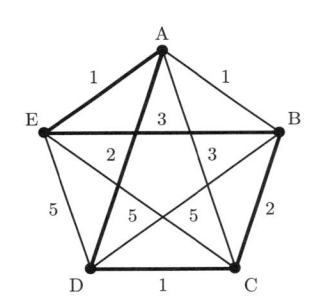

図 4.14 巡回セールスマン問題とその解

この重み付きグラフ G に対する巡回セールスマン問題の解は，

$$A - D - C - B - E - A \tag{4.1}$$

である（図 4.14 中の太線）．このことは，次のようにして確かめられる．式 (4.1) のハミルトンサイクルの重みは $2 + 1 + 2 + 3 + 1 = 9$ であるので，解に含まれる辺のうち点 D を通る 2 本は AD, DC である．なぜなら，D に接続している辺のうち重みが 5 の辺が解に含まれていれば，解に含まれる辺のうち D を通る 2 本の辺だけで重みが 6 以上となり，さらに，G には重みが 1 以下の辺だけからなる長さ 3 のパスが存在しないことから，解の重みが 10 以上になってしまう．したがって，辺 AD, DC に含まれない 2 点 B, E は解のハミルトンサイクル上並んでいることがわかる．さらに，$w(\text{AD}) + w(\text{DC}) + w(\text{BE}) + w(\text{BA}) + w(\text{CE}) = 12$ で

あることから式 (4.1) のハミルトンサイクルが G を入力とする巡回セールスマン問題の唯一の解であることが確かめられた．

巡回セールスマン問題は現実の問題として解くことを要求されることが多いので，最適解を求める計算時間がなるべく短かくなるような工夫をしたり，制限時間内に最適解が求まりそうにないときは最適解に近い重みをもつハミルトンサイクルが見つかるような工夫をしたりする必要がある．ここでは，後者の工夫の1つである**最近挿入法**で図 4.14 の問題を解いてみる．

最近挿入法では，重み付きグラフ G のサイクル C ができていて C が通らない G の点があるとき，C に含まれている辺 $e = ab$ と C 上にない点 v の組合せで，点 a と b の間に点 v を挿入したときの重みの増加

$$w(av) + w(vb) - w(ab) \tag{4.2}$$

が最小になるものを見つけ，C に含まれている辺 e を 2 本の辺からなるパス $a - v - b$ に置き換えるという操作をサイクル C がすべての点を含むまで続ける．

初めに重みが最も小さい三角形を見つけ，それを C とする．図 4.14 では，$C = A - B - E - A$ がそのような三角形であり，その重みは $1 + 3 + 1 = 5$ である．次に，C について式 (4.2) の値（重みの増加）が最小となる辺と点の組合せとして辺 AB と点 C が見つかるので，サイクル C に含まれる辺 AB をパス $A - C - B$ に置き換えて $C = A - C - B - E - A$ ができる．このとき，重みの増加は 4 である．次に，同様にして重みの増加が最小となる辺と点の組合せとして辺 AC と点 D が見つかるので，サイクル C に含まれる辺 AC をパス $A - D - C$ に置き換えてハミルトンサイクル $C = A - D - C - B - E - A$ ができる．このハミルトンサイクルは，上に示した通り図 4.14 の巡回セールスマン問題の最適解である．

なお，最近挿入法において重みの増加が最小となる辺と点の組合せが複数あるときは，それらのうちのどれを選んでもよい．上の例では，$C = A - B - E - A$ について辺 BE と点 C の組合せも重みの増加が 4 であり最小である．こちらを選んでできるハミルトンサイクルは $A - B - C - D - E - A$ であるが，その重みは 10 であり，最適解の重み 9 よりも大きい．

演習問題

設問1 次の正八面体グラフについて以下の問に答えよ．

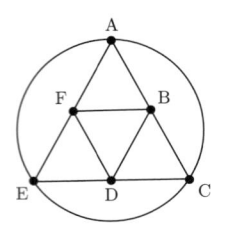

(1) オイラーグラフである理由を述べよ．
(2) オイラーサーキットを1つ求めよ．

設問2 次の条件を満たす単純グラフ G を1つ図示せよ．

条件：単純グラフ G は，7個の点と9本の辺からなり，かつ，G および G の補グラフ $\overline{G}$ はどちらもオイラーグラフである．

設問3* n を正整数とする．グラフ $G(n)$ は，下図で表されるグラフであり，この図は，左右に菱形を n 個並べ，各菱形の上と下の点から2本ずつ次数が1の点をもつ「角」を生やした形になっている．この図の上に並んでいる次数が1の $2n$ 個の点を左から順に $v_1, v_2, \ldots, v_{2n}$ で表し，下に並んでいる次数が1の $2n$ 個の点を左から順に $w_1, w_2, \ldots, w_{2n}$ で表す．このとき，全単射 $f: \{1, 2, \ldots, 2n\} \to \{1, 2, \ldots, 2n\}$ をどのようにとろうとも，$2n$ 本の辺 $v_1 w_{f(1)}, v_2 w_{f(2)}, \ldots, v_{2n} w_{f(2n)}$ を $G(n)$ に付け加えてできるオイラーグラフ $G_f(n)$ のオイラーサーキット C で，付け加えた辺 $v_i w_{f(i)}$ の C 上の向きがどれも v_i から $w_{f(i)}$ への向き（上から下への向き）になっているものが存在することを示せ．

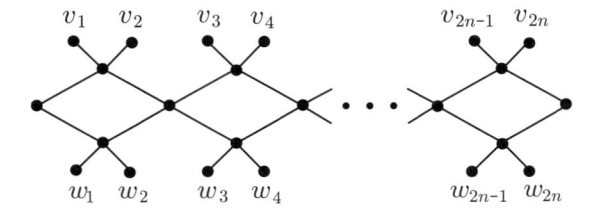

設問 4 下図で表される中国人郵便配達問題の解のウォークとそのウォーク上の辺の重みの総和を求めよ．

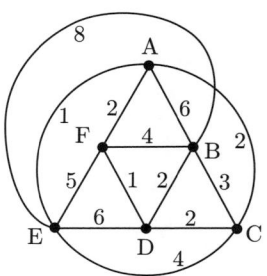

設問 5 以下の問に答えよ．

(1) 完全 2 部グラフ $K_{3,3}$ のハミルトンサイクルを 1 つ求めよ．

(2) 完全 2 部グラフ $K_{m,n}$ がハミルトングラフになるような正整数 m, n の組合せを求めよ．

(3)* どのような 2 つの正の奇数 m, n を選んでも，$m \times n$ ナイトグラフはハミルトンサイクルをもたないことを証明せよ．
（ヒント）ナイトが 1 回動いたときのマス目の変化を (x, y) で表したとき，$x \in \{1, -1\}$ ならば $y \in \{2, -2\}$ であり，かつ，$x \in \{2, -2\}$ ならば $y \in \{1, -1\}$ である．このことから，ナイトが mn 回動いたときの上下方向または左右方向のどちらかの方向の変化の合計が奇数になることを導け．

設問 6* 4 立方体グラフ Q_4 のハミルトンサイクルを求めよ．

また，一般の整数 $n \geq 2$ について，Q_n のハミルトンサイクルの求め方を述べよ．

設問 7 以下の問に答えよ．

(1) 下図で表される 5 点からなるトーナメント T において，A $\to$ E $\to$ B $\to$ C は，長さ 3 の有向パスである．この有向パスに定理 4.7 の証明で使われている手法を適用して，長さ 4 の有向パス，すなわち T のハミルトンパスを求めよ．

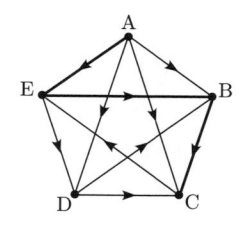

(2) 5 点からなる強連結なトーナメントの例を 1 つ挙げよ．

(3)* 5 点からなる強連結でないトーナメントには，入次数が 0 である点か，または，出次数が 0 である点が存在する．その理由を述べよ．

設問 8* 以下の問に答えよ．

(1) n 個の点からなる強連結なトーナメント T が長さ $n-1$ の有向サイクルをもてば，長さ n の有向サイクルももつ，すなわち，T は有向ハミルトングラフであることを証明せよ．
(ヒント) 定理 4.7 の証明と同様で，有向パス P を有向サイクル C に置き換えた形の証明を考案せよ．

(2) 補題 4.6 と上の (1) の命題を使って定理 4.8 を証明せよ．

設問 9 下図で表される巡回セールスマン問題を最近挿入法で解け．

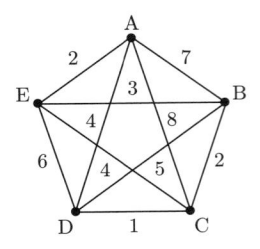

参考文献

[1] V. Chvátal and P. Erdös, "A note on Hamiltonian circuits," *Discrete Mathematics*, Vol. 2, pp. 111-113 (1972).

[2] V. Chvátal, "On Hamilton's ideals," *J. Combin. Theory Ser. B*, Vol. 12, pp. 163-168 (1972).

[3] G. A. Dirac, "Some Theorems on Abstract Graphs," *Proceedings of the London Mathematical Society*, Vol. s3-2, pp. 69-81 (1952).

[4] J. Edmonds and E. L. Johnson, "Matching, Euler tours and the Chinese postman," *Mathematical programming*, Vol. 5, No. 1, pp. 88-124 (1973).

[5] M. Fleury, "Deux problèmes de géométrie de situation," *Journal de mathématiques élémentaires*, pp. 257-261 (1883).

[6] P. A. Pevzner, H. Tang, and M. S. Waterman, "An Eulerian path approach to DNA fragment assembly," *Proceedings of the National Academy of Sciences of the United States of America*, Vol. 98, No. 17, pp. 9748-9753 (2001).

第5章
木

□ 学習のポイント

　住所，本の構成，数式，コンピュータのフォルダ構成，自然言語の構文解析，Webページのソースなどを表すときには，木という連結グラフが用いられる．木は，辺が最も少ない連結グラフで，任意の2点を結ぶパスは1つしかないという特徴をもつため，様々な場所・場面で活用されている．たとえば，階層構造のあるデータを効率的に操作したり，データベース管理システムにおいて情報を探索しやすくしたりする用途に活用されている．この章では，木の特徴について述べた後，連結グラフの全域木とその求め方，さらにはプログラミングする上で知っておくべき根付き木である幅優先木と深さ優先木，さらにデータ構造などに活用されている順序木と完全2分木について解説する．

- 木の基本的な特徴を理解する．
- グラフでモデル化できるデータをコンピュータで扱う際に知っておくべき全域木の特徴とその求め方について理解する．
- グラフでモデル化できるデータを効率的に管理する際に知っておくべき幅優先木と深さ優先木およびグラフの向き付け方法について理解する．
- プログラミングの際に必要なデータ構造としてよく用いられる，子のノード間に順序がつけられている根付き木である順序木と完全2分木について理解する．

□ キーワード

木，林（森），全域木，最適木（最小全域木），根付き木，幅優先木，深さ優先木，順序木，完全2分木

5.1 木の特徴

　サイクルを含まない連結グラフを木 (tree) という．木上の点はノード (node) と呼ばれる場合が多いため，この章では木の点のことをノードと呼ぶことにする．木はサイクルを含まないため，自己ループや多重辺をもたない単純グラフに属している．また，サイクルを含まない非連結グラフは林（森）(forest) という．よって，林の各連結成分は木となる．図5.1に，2011年に開催されたAFCアジアカップ対戦表を表す木，プロパノールというアルコールの化学式 (C_3H_8O) を表す木および花火を模した林を例として与える．

　次の定理は基本的な木の特徴を示している．

定理 5.1 n 個の点をもつグラフ T に関する次の命題は同値である．

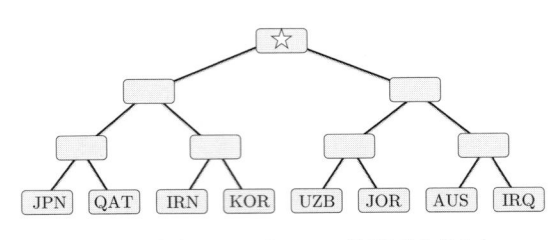

(a) 2011年度AFCアジアカップ対戦表を表す木

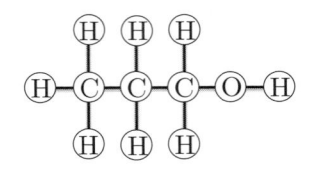

(b) プロパノール（化学式C_3H_8O）を表す木

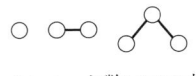

(c) ノード数1,2,3の木

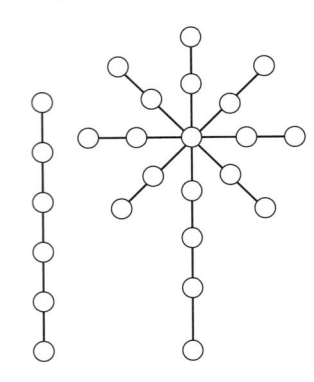

(d) 花火を模した林

図 **5.1** いろいろな木

(1) T は木である．
(2) T は連結で，サイクルを含まず，かつ $n-1$ 本の辺をもつ．
(3) T は連結であって，すべての辺は橋である．
(4) T の任意の2点を結ぶパスはちょうど1本である．
(5) T にサイクルはないが，新しい辺をどのように付け加えても1つのサイクルができる．

（証明） T がただ1つの点からなるグラフのとき，5つの命題は自明に成り立つため $n \geq 2$ のときを示す．

[(1)⇒(2)] 木の定義より，木 T は連結であり，かつサイクルをもたない．また，ノード数 n ($n \geq 2$) に関する帰納法により『T が木ならば，$n-1$ 本の辺をもつ』ことを以下に示す．(i) 2つのノードからなる木（図 5.1(c) のノード数2の木）ならば，明らかに成り立つ．(ii) $n \leq k$ のとき成り立つと仮定する．$k+1$ 個のノードをもつ木 T から任意の辺を除去すると2つの木からなる林となる．帰納法の仮定により，それぞれの木にはノード数より1少ない本数の辺があるので，T の辺の本数は k 本となる．よって，$n = k+1$ のときも成り立つ．(iii) したがって，すべての正の整数 n に対して，n 個のノードをもつ木 T は $n-1$ 本の辺をもつことが示される．

[(2)⇒(3)] T から任意の辺を除去すると，n 個の点と $n-2$ 本の辺をもつグラフとなる．定理 3.6 により，このグラフは非連結となる．よって，どの辺も橋であることが示される．

[(3)⇒(4)] T は連結なので，任意の2点間にはパスが存在する．もし複数本のパスが存在してしまうとサイクルができてしまい，すべての辺が橋であることに矛盾する．よって，複数本のパスは存在しない．

[(4)⇒(5)] T の任意の2点間にはパスがただ1つしかないため，サイクルが存在しない．また，任意の2点間にはパス P が存在するため，その2点を両端点にもつ辺 e を付け加えると P と e とで1つのサイクルが得られる．

[(5)⇒(1)] T がサイクルをもたない非連結グラフならば，T の異なる成分に属する点間に辺を加えてもサイクルはつくれない．よって，T はサイクルをもたない連結グラフとなり，T が木であることがいえる．　　　　　　　　　　　　　　　　　　　　　　　　　　　（証明終り）

G が林の場合，「木の辺の本数はノード数より 1 少ない」という定理 5.1(2) から得られる事実を G の各成分に適用することで次の系 5.1 が得られる．

系 5.1 n 個のノードと k 個の連結成分をもつ林 G には，$n-k$ 本の辺がある．

『木の辺の本数はノード数より 1 少ない』（定理 5.1(2)）ことと『点の次数の合計は辺の本数の 2 倍に等しい』（定理 2.1（握手定理））ことを用いることにより，補題 3.1 の言い換えである次の系 5.2 を証明することができる．

系 5.2 2 個以上のノードをもつ木には点次数 1 のノードが少なくとも 2 個存在する．

（証明）$T = (V, E)$ を n 個のノードをもつ木とする．T 中に点次数 1 のノードが存在しない場合，不等式

$$\sum_{v \in V} d_T(v) \geq 2n \tag{5.1}$$

が成り立つ．また，点次数 1 のノードが 1 個存在する場合，不等式

$$\sum_{v \in V} d_T(v) \geq 2(n-1) + 1 = 2n - 1 \tag{5.2}$$

が成り立つ．一方，定理 5.1(1) と定理 2.1（握手定理）より，

$$\sum_{v \in V} d_T(v) = 2(n-1) = 2n - 2 \tag{5.3}$$

である．明らかに，不等式 5.1 と 5.2 は等式 5.3 と矛盾する．よって，点次数 1 のノードが少なくとも 2 つ存在する．　　　　　　　　　　　　　　　　　　　　　　　　　　　（証明終り）

5.2 全域木

5.2.1 全域木の特徴

グラフ $H = (V_H, E_H)$ がグラフ $G = (V_G, E_G)$ の**全域部分グラフ** (spanning subgraph) であるとは，H が $V_H = V_G$ を満たす G の部分グラフであるときをいう．特に，G の全域部分グラフである H が林のとき，H は G の**全域林** (spanning forest) という．また，G が連結グラフで H が木ならば，H は G の**全域木** (spanning tree) という．

G の任意の全域部分グラフは「G の辺を除去する」操作を再帰的に適用することで G から得られる．連結グラフ G に連結性を保持したまま，この操作を再帰的にどこまで適用し続けられるかを考えるために，連結グラフ G の連結全域部分グラフに対して，次のような極小という概念を導入する．『G の連結全域部分グラフ H からどの 1 辺を除去しても非連結になるとき，H

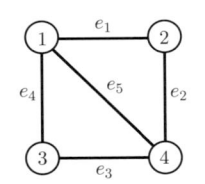

図 5.2 連結グラフ G

は**極小である**という.」これは,H が G の極小連結全域部分グラフであるならば,H のどの辺も橋になっていることを意味しており,定理 5.1(3) より,H は木であることがわかる.これにより,次の定理 5.2 が成り立つ.

定理 5.2 連結グラフには全域木が必ず存在する.

連結成分数が k ($k \geq 1$) のグラフに対して,定理 5.2 を各連結成分に適用することで次の系 5.3 が成り立つ.

系 5.3 k ($k \geq 1$) 個の成分からなるグラフ G は k の連結成分からなる全域林を必ずもつ.

グラフ G の全域林は,「サイクルがなくなるまで,再帰的にサイクル上の 1 辺を除去する」ことで得られる.G から全域林を得るために除去される辺の本数を**閉路階数** (cycle rank) と呼び,$\gamma(G)$ で表す.一方,除去されなかった全域林の辺の本数を**カットセット階数** (cut set rank) と呼び,$\xi(G)$ で表す.このとき,系 5.1 より,次の定理 5.3 が成り立つ.

定理 5.3 G を n 個の点,m 本の辺,k 個の連結成分からなるグラフとする.このとき,$\gamma(G) = m - (n - k) = m - n + k$ であり,$\xi(G) = n - k$ である.

例 5.1 図 5.2 の連結グラフ G の閉路階数 $\gamma(G)$ およびカットセット階数 $\xi(G)$ は,それぞれ $\gamma(G) = 5 - 4 + 1 = 2$,$\xi(G) = 4 - 1 = 3$ である.

どの辺をいつ除去するかにより,連結グラフ G の全域木は変わる.そこで,G に何個の全域木があるのかについて考える.ここでは,連結グラフについてのみ議論を行うが,非連結グラフでも同様に議論できる.また,議論の複雑化を避けるため,その連結グラフはすべて異なる点ラベルをもっているものとする.たとえば,図 5.3 中の 2 つの全域木 $G - \{e_1, e_3\}$ と $G - \{e_2, e_4\}$ は,ラベル 2 をもつノードがラベル 1 をもつノードに隣接しているか否かが違うため,非同形な木となる.しかし,点ラベルを無視すると同形となる.

連結グラフ G が点ラベル付き完全グラフの場合,G の全域木の数は異なるラベル付き木の数と一致する.1889 年に,Arthur Cayley は,異なるラベル付き木を数え上げる問題の解を与える,次の定理 5.4 を示した.

定理 5.4 (Cayley's Theorem) n 個のノードをもつ異なる点ラベル付き木は n^{n-2} 個ある.

表 5.1 木とラベル付き木の数

ノード数	1	2	3	4	5	6	7	8
木	1	1	1	2	3	6	11	23
ラベル付き木	1	1	3	16	125	1296	16807	262144

1918 年,Heinz Prüfer は,n 個のノードをもつ点ラベル付き木の集合と $(a_1, a_2, \ldots, a_{n-2})$ からなる形式のすべての数列の集合との間に 1 対 1 対応を構成できることを示すことで,定理 5.4 の別証明を与えた.定理 5.4 の結果は,n 個の炭素原子 C をもつアルカリ C_nH_{2n+2} を数え上げる問題に応用されている.

連結グラフ G の全域木の個数を $\tau(G)$ で表すとき,点ラベル付き完全グラフの全域木の数に関する次の系 5.4 が定理 5.4 から得られる.

系 5.4 n 点の点ラベル付き完全グラフ K_n に対し $\tau(K_n) = n^{n-2}$ である.

例 5.2 点ラベル付き完全グラフ K_4 の全域木の数は $4^{4-2} = 4^2 = 16$ となる.一方,ラベル付けされていない完全グラフ K_4 の同形でない全域木の数は 2 個しかない(その 2 つの全域木は章末の演習問題とする).定理 5.4 より,1 から 8 までのノード数をもつ木と点ラベル付き木の数の関係を表 5.1 に与える.

例 5.3 図 5.2 の連結グラフ G のすべての全域木を図 5.3 に列挙する.

次に,一般の連結グラフについて全域木の数を計算するのに役立つ 2 つの定理を紹介する.

定理 5.5 連結グラフ G の任意の辺 e について,等式 $\tau(G) = \tau(G-e) + \tau(G\langle e\rangle)$ が成り立つ.

(証明) $\tau(G-e)$ は,G の全域木のうち辺 e をもたないものの数と一致する.一方,$G\langle e\rangle$ は辺 e の縮約により得られる連結グラフなので,$\tau(G\langle e\rangle)$ は G の全域木のうち辺 e をもつものの数と一致する.よって,等式 $\tau(G) = \tau(G-e) + \tau(G\langle e\rangle)$ が成り立つ. (証明終り)

例 5.4 図 5.4 に完全グラフ K_3 の全域木の数を定理 5.5 の漸化式で求める際の計算過程を示す.

この定理 5.5 は比較的小さな連結グラフには有用であるが,大きな連結グラフには不向きである.大きな連結グラフについては,次の行列木定理 (Matrix-tree theorem) を用いて計算する方がよい.

定理 5.6 (行列木定理 (Matrix-tree theorem)) G を点集合 $\{v_1, \ldots, v_n\}$ をもつ連結な単純グラフとする.n 次正方行列 $M = (a_{ij})$ の (i,j) 成分 a_{ij} を次のように定義する.

$$a_{ij} = \begin{cases} v_i \text{ の点次数} & i = j \\ -1 & v_i \text{ と } v_j \text{ が隣接している} \\ 0 & \text{それ以外} \end{cases}$$

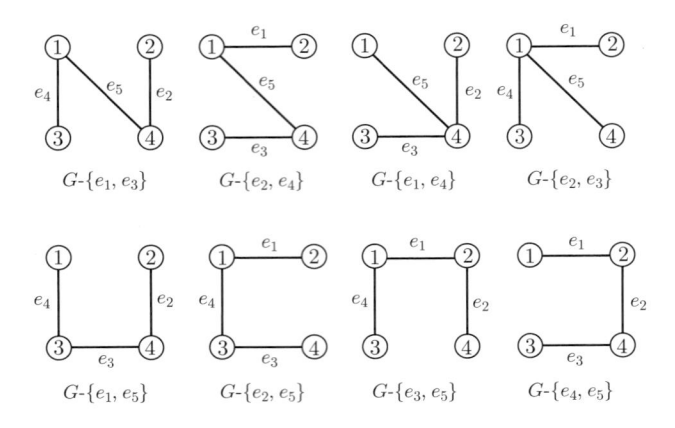

図 5.3　図 5.2 の連結グラフ G のすべての全域木

図 5.4　$\tau(K_3)$ の計算過程

このとき，G の全域木の総数は M の任意の成分に対する余因子[1]に等しい．

この行列 M を G の**次数隣接行列**という．

例 5.5　図 5.2 の連結グラフ G の次数隣接行列は次の正方行列 M_G で与えられる．

$$M_G = \begin{pmatrix} 3 & -1 & -1 & -1 \\ -1 & 2 & 0 & -1 \\ -1 & 0 & 2 & -1 \\ -1 & -1 & -1 & 3 \end{pmatrix}$$

M_G の $(1,1)$ 成分に対する余因子を計算すると，

$$(-1)^{1+1} det \begin{pmatrix} 2 & 0 & -1 \\ 0 & 2 & -1 \\ -1 & -1 & 3 \end{pmatrix}$$

$$= 2 \times 2 \times 3 + 0 \times (-1) \times (-1) + (-1) \times 0 \times (-1)$$
$$- \{(-1) \times 2 \times (-1) + 0 \times 0 \times 3 + 2 \times (-1) \times (-1)\}$$

---
[1] (i,j) 成分 a_{ij} に対する余因子とは，第 i 行と第 j 列とを取り除いてできる $n-1$ 次正方行列の行列式に $(-1)^{i+j}$ を掛けた値をいう．

クラスカルアルゴリズム

入力: 重み付き連結グラフ $G = (V_G, E_G)$
出力: E_G の部分集合 E
(1) 集合 E と F をそれぞれ空集合と E_G に初期化する．
(2) 次の命令を F が空集合になるまで再帰的に実行する．
　　　　F から最小コストの辺 e を取り出し，もし辺誘導部分グラフ $G[E \cup \{e\}]$ が
　　　　サイクルを含まなければ，e を E に加える．
(3) E を出力する．

図 **5.5** クラスカルアルゴリズム

$$= 12 - 2 - 2 = 8$$

となる．なお，$det(\cdot)$ は行列式を表す．同様に，M_G の各 (i, j) 成分に対する余因子が 8 になることも確認できる．

5.2.2 最適木（最小全域木）

すべての都市間の到達可能性を維持しつつ総コストを最小にするネットワーク網の設計を行う問題を**最小連結子問題** (minimum connector problem) という．この問題は，都市を点で，都市間のネットワークを辺で，都市間の敷設コストを辺ラベルとしてもつ重み付き連結グラフの全域木のうち，最小総コストを与えるものを見つける問題として定式化できる．この最小コストをもつ全域木は**最適木** (optimum tree) または**最小全域木** (minimum spanning tree) と呼ばれる．定理 5.4 から，最小連結子問題は任意の 2 都市間のコストが既知の場合，n 点をもつ重み付き完全グラフの n^{n-2} 個の全域木から最適木を見つける問題とみなせる．

次に，点数 n，辺数 m の重み付き連結グラフ G が与えられたとき，G の最適木を求める 2 つの有名なアルゴリズムについて概観する．1956 年，Joseph B. Kruskal は，サイクルをつくらないように順次最小コストの辺を選んでいくことで最適木を求めるアルゴリズム（図 5.5 参照）を提案した [4]．このアルゴリズムは**クラスカルアルゴリズム** (Kruskal's algorithm) と呼ばれ，実行時間が $m \log m$ に比例することが知られている．

例 5.6 図 5.6 の重み付き連結グラフ $G = (V_G, E_G)$ が与えられたときのクラスカルアルゴリズムの計算過程は次の通りである．この図において，辺 e が重み w をもつことを $e(w)$ として表している．命令 (1) で，辺集合 E と F をそれぞれ空集合と E_G に初期化する．コストが小さい順にサイクルを構成しない辺を順次 E に追加していく命令 (2) の計算過程を図 5.7 に示す．図 5.7 では，追加された辺は黒の実線で，追加するとサイクルを構成してしまう辺は黒の破線で示している．命令 (3) で辺集合 E を出力して終了する．

次の定理 5.7 は，クラスカルアルゴリズムが正しく最適木を出力することを示している．

定理 5.7 クラスカルアルゴリズムにより出力される辺集合 E により誘導される G の部分グラフ $G[E]$ は G の最適木である．

(a) 連結グラフ G　　　(b) 最適木 T

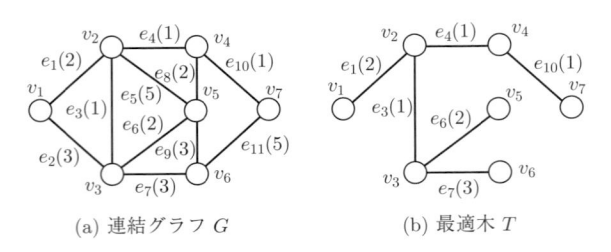

図 5.6　重み付き連結グラフ G とその最適木 $T = G[\{e_1, e_3, e_4, e_6, e_7, e_{10}\}]$

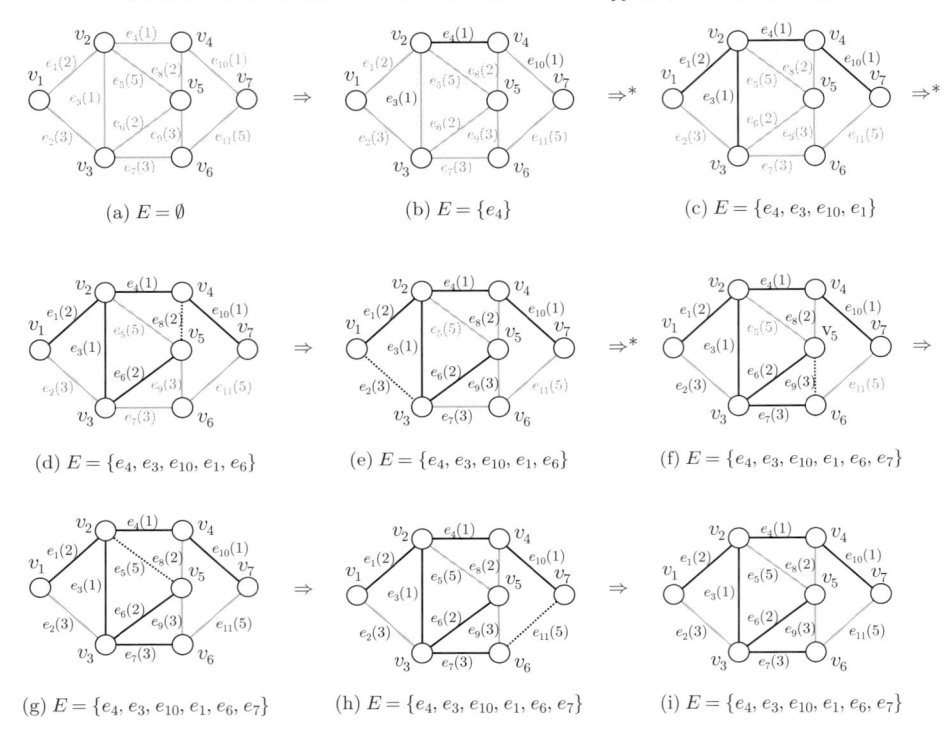

(a) $E = \emptyset$　　　(b) $E = \{e_4\}$　　　(c) $E = \{e_4, e_3, e_{10}, e_1\}$

(d) $E = \{e_4, e_3, e_{10}, e_1, e_6\}$　　(e) $E = \{e_4, e_3, e_{10}, e_1, e_6\}$　　(f) $E = \{e_4, e_3, e_{10}, e_1, e_6, e_7\}$

(g) $E = \{e_4, e_3, e_{10}, e_1, e_6, e_7\}$　(h) $E = \{e_4, e_3, e_{10}, e_1, e_6, e_7\}$　(i) $E = \{e_4, e_3, e_{10}, e_1, e_6, e_7\}$

図 5.7　クラスカルアルゴリズムの計算過程

(証明)　クラスカルアルゴリズムの出力 E により誘導される部分グラフ $G[E]$ は明らかに G の全域木である．よって，$G[E]$ が最適木であることを背理法で示す．$G[E]$ が最適木でないと仮定する．ここで，$E = \{e_1, e_2, \ldots, e_{n-1}\}$ とする．T を全域木とし，$\varphi(T)$ を T に含まれない E 中の辺のうち最小の添字をもつ辺 e_i の添字 i を返す関数とする．このとき，$\varphi(T_{max})$ が最大となる最適木を T_{max} とする．$\varphi(T_{max}) = k < n-1$ ならば，辺 $e_1, e_2, \ldots, e_{k-1}$ はすべて $G[E]$ および T_{max} に含まれるが，e_k は $G[E]$ には含まれるが T_{max} には含まれない．T_{max} に辺 e_k を付け加えたグラフを $T_{max} + e_k$ と表記すると，定理 5.1(5) より，$T_{max} + e_k$ には１つのサイクルができる．そのサイクルを C で表すと，C の辺で T_{max} に含まれるが $G[E]$ には含まれない１つの辺を e とする．明らかに e は $T_{max} + e_k$ の橋ではない．よって $T' = (T_{max} + e_k) - e$ は連結グラフであり，かつサイクルをもたず辺の数が $n-1$ なので，T' は G の全域木の１つである．辺 e のコストを $W(e)$ で表し，木 T に含まれるすべての辺のコストの総和を $W(T)$ で

プリムアルゴリズム

入力: 重み付き連結グラフ $G = (V_G, E_G)$
出力: E_G の部分集合 E
(1) V_G から 1 点 v を選び，集合 V に v を加え，集合 E を空集合に初期化する．
(2) 次の命令を差集合 $(V_G - V)$ が空集合になるまで再帰的に実行する．
　　　V 中の点と $(V_G - V)$ 中の点を結ぶ辺のうち重みが最小の辺 $e = uw$ を選び，
　　　E に辺 e を，V に点 w を加える．ここで，$u \in V$, $w \in (V_G - V)$ とする．
(3) E を出力する．

図 **5.8** プリムアルゴリズム

表すと，明らかに

$$W(T') = W(T_{max}) + W(e_k) - W(e) \tag{5.4}$$

となることがわかる．クラスカルアルゴリズムの作り方から，e_k は $G[\{e_1, e_2, \ldots, e_k\}]$ がサイクルをもたないような最小のコストの辺である．また，$G[\{e_1, e_2, \ldots, e_{k-1}, e\}]$ は T_{max} の部分グラフなのでサイクルをもたない．よって，

$$W(e) \geq W(e_k) \tag{5.5}$$

である．したがって，等式 (5.4) と不等式 (5.5) より $W(T') \leq W(T_{max})$ となる．ゆえに T' も最適木となるが，T' は $e_1, e_2, \ldots, e_k$ を含むので，$\varphi(T') > k = \varphi(T_{max})$ となり，T_{max} の選び方に矛盾するので $G[E]$ が最適木であることが示された．　　　　　（証明終り）

最適木を求めるもう 1 つのアルゴリズムは，**プリムアルゴリズム** (Prim's algorithm) と呼ばれ，1957 年，R. C. Prim により提案された [5]．プリムアルゴリズム（図 5.8 参照）は，すでに選んでいる点と未選択点間にある最小コストの辺を順次選んでいくことで最適木を求めるものである．プリムアルゴリズムの実行時間は，点数 n の 2 乗，つまり n^2 に比例することが知られている[2]．

例 5.7 図 5.6(a) の重み付き連結グラフ $G = (V_G, E_G)$ に，プリムアルゴリズムを適用したときの計算過程を以下に示す．まず命令 (1) で，点集合 V_G から 1 点 v_1 を選び，点集合 $V = \{v_1\}$ とし，辺集合 E を空集合に初期化する．次に命令 (2) の計算過程は図 5.9 に示すように，V と $V_G - V$ 中のそれぞれに含まれる点間の辺のうち，最小の重みのものを順次選んで，辺集合 E に追加していく．$(V_G - V)$ が空集合になった時点で，命令 (3) により辺集合 E が出力される．結果として，プリムアルゴリズムにより図 5.6(b) の最適木 T が得られる．

プリムアルゴリズムが正しく答えを出力することを示した次の定理 5.8 は，定理 5.7 と同様に証明することができる．

定理 5.8 プリムアルゴリズムにより出力される辺集合 E により誘導される G の部分グラフ

---

[2] フィボナッチヒープを使うと $n \log n$ に比例する実行時間にまで改善できることが知られている．詳細についてはアルゴリズムを専門に扱う書籍（たとえば，文献 [3]）を参照すること

(a) $V = \{v_1\}$ $E = \emptyset$

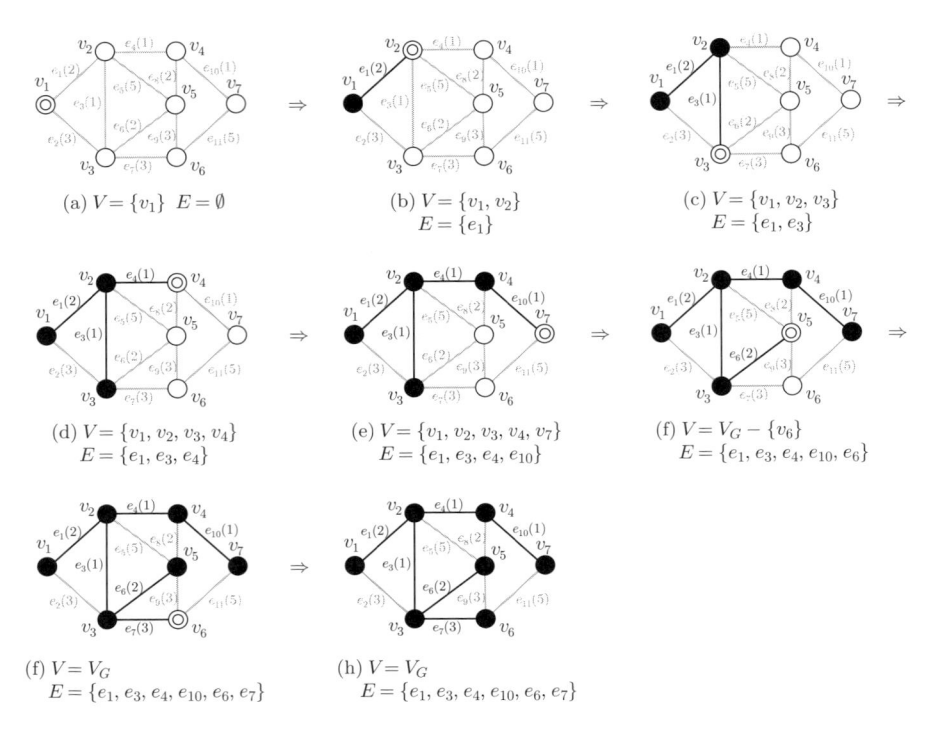

(b) $V = \{v_1, v_2\}$
$E = \{e_1\}$

(c) $V = \{v_1, v_2, v_3\}$
$E = \{e_1, e_3\}$

(d) $V = \{v_1, v_2, v_3, v_4\}$
$E = \{e_1, e_3, e_4\}$

(e) $V = \{v_1, v_2, v_3, v_4, v_7\}$
$E = \{e_1, e_3, e_4, e_{10}\}$

(f) $V = V_G - \{v_6\}$
$E = \{e_1, e_3, e_4, e_{10}, e_6\}$

(f) $V = V_G$
$E = \{e_1, e_3, e_4, e_{10}, e_6, e_7\}$

(h) $V = V_G$
$E = \{e_1, e_3, e_4, e_{10}, e_6, e_7\}$

図 5.9 プリムアルゴリズムの計算過程: 二重丸の点に付随する辺が E に加えられ，黒丸の点の集合 V に二重丸の点が新たに V に加えられる．

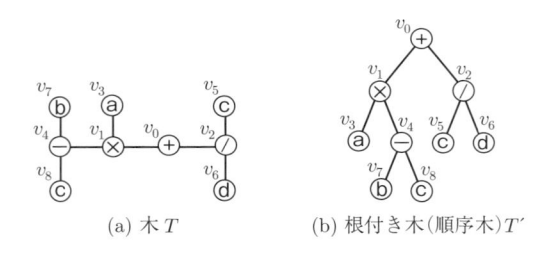

(a) 木 T

(b) 根付き木(順序木)T'

図 5.10 根付き木

$G[E]$ は G の最適木である．

5.3 根付き木

図 5.10(a) の木をノード v_0 をつまんで持ち上げると (b) のような木になる．この木をひっくり返すとまさにノード v_0 から生えている自然の木に見える．ある1つのノード v を基点として木 T を捉えようとするとき，基点となるノード v は **根** (root) と，点次数が1のノードは **葉** (leaf) と呼ばれ，T は **根付き木** (rooted tree) と呼ばれる．一般に，根付き木は根を最上部に，根に近い順に下側に各ノードを配置するように描画される．

ある辺の端点である2つのノードのうち，根に近い方を **親** (parent) といい，もう一方を子

（または**子供**）(child) という．子をもつノード，つまり葉以外のノードを総称して**内部ノード** (internal node) という．図 5.10(b) のノード v_1, v_2 のように同じ親 v_0 をもつノードは**兄弟** (sibling) と呼ばれる．根付き木上のノード v から根に向かって（0 本以上の）辺を辿って到達できるノードを v の**祖先** (ancestor) といい，v から葉に向かって下方に（0 本以上）の辺を辿って到達できるノードを v の**子孫** (descendant) という．ここで，ノード v の先祖や子孫に v 自身も含まれていることに注意する必要がある．

$T = (V, E)$ を根付き木とし，v を T のノードとする．v の子孫全体からなる V の部分集合 U により誘導される部分グラフ $T[U]$ を v を根とする T の**部分木** (subtree) という．たとえば，図 5.10(b) の根付き木 T' において，ノード v_1 の子孫は v_1, v_3, v_4, v_7, v_8 であり，ノード v_1 を根とする部分木とは $T'[\{v_1, v_3, v_4, v_7, v_8\}]$ のことである．

根付き木の根からノード v までのパスの長さ（含まれる辺の数）を v の**深さ** (depth) と呼び $depth_T(v)$ で表す．文脈から T が自明な場合は，T を省略して $depth(v)$ と書く．また，ノード v の**高さ**（height of a node）とは，v から葉（一般には複数存在する）へ至るパスの長さの最大値であり，$height_T(v)$ あるいは $height(v)$ と表す．特に根 r の高さ $height_T(r)$ を木 T の**高さ**（height of a tree）という．

根付き木は，根から葉に向けて（あるいは，葉から根に向けて）向きをもたせることで自然に有向木と同一視することができる．つまり，根付き木 $T = (V_T, E_T)$ は有向辺集合 $E_{T'} = \{(u, v) \mid \{u, v\} \in E_T, u\text{ は }v\text{ の親である}\}$ としてもつ有向木 $T' = (V_T, E_{T'})$ とみなすことができる．このとき，有向木 T' は T の**向き付け** (orientation) と呼ばれる．

5.3.1 幅優先木と深さ優先木

ここではグラフから特定の情報を得る際の組織だった探索法について取り上げる．グラフ中のすべてのあるいはいくつかの点や辺を参照する（訪問する）ための走査法として，**幅優先探索** (breadth first search) と**深さ優先探索** (depth first search) が有名である．幅優先探索とは，連結無向グラフと 1 点（始点）が与えられたとき，すべての点を始点からの距離の順に訪問する方法である．つまり，まず始点を訪問し，次に始点から 1 本の辺で到達できる点をすべて訪問し，さらに始点から 2 本辺を通って到達できる点をすべて訪問する，ということを未到達点がなくなるまで続ける方法である．この幅優先探索アルゴリズム **bfs** を図 5.11 に示す．一方，深さ優先探索とは，連結無向グラフと 1 点（始点）が与えられたとき，始点から始めて，新たに訪問する点がなくなったときに 1 つ前の点に戻り，そこからまたできる限り深く訪問することを繰り返す方法である．この深さ優先探索再帰アルゴリズム **dfs** を図 5.12 に示す．

訪問順を記号 $\Rightarrow$ で表すと，図 5.10(b) の根付き木 T' を幅優先探索で走査する場合のノードの訪問順は $v_0 \Rightarrow v_1 \Rightarrow v_2 \Rightarrow v_3 \Rightarrow v_4 \Rightarrow v_5 \Rightarrow v_6 \Rightarrow v_7 \Rightarrow v_8$ となり，深さ優先探索で走査する場合は $v_0 \Rightarrow v_1 \Rightarrow v_3 \Rightarrow v_4 \Rightarrow v_7 \Rightarrow v_8 \Rightarrow v_2 \Rightarrow v_5 \Rightarrow v_6$ となる．次に，図 5.13 の連結グラフ G を v_0 を始点として幅優先探索で走査する場合を考える．まず，点 v_0 に隣接している点 v_1, v_2, v_3 を順に訪問する．次に点 v_1 に移動し，点 v_1 に隣接している未訪問点 v_5 を訪問する．最後に点 v_2 に移動し，点 v_2 に隣接している未訪問点 v_4 を訪問する．これで，すべての点を訪問したので走査を終了する．つまり，幅優先探索での走査順は $v_0 \Rightarrow v_1 \Rightarrow v_2 \Rightarrow v_3 \Rightarrow v_5 \Rightarrow v_4$

アルゴリズム **bfs** (v: 始点)
(1) v を空の列 Q に加え，$Q = (v)$ とする．
(2) Q が空列となるまで以下の処理を繰り返す．
  (a) Q の先頭から点 u を取り出し，訪問済としてマークする．
  (b) u に隣接する点のうちまだ訪問していない点をすべて Q の最後に追加する．

図 **5.11** 幅優先探索アルゴリズム bfs

アルゴリズム **dfs** (v: 始点)
(1) v を訪問済としてマークする．
(2) v に隣接するまだ訪問していない各点 u について dfs(u) を再帰呼び出しする．

図 **5.12** 深さ優先探索再帰アルゴリズム dfs

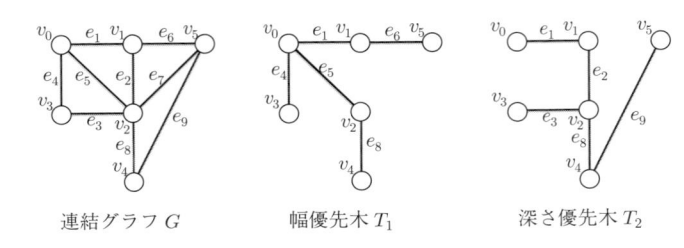

連結グラフ G 幅優先木 T_1 深さ優先木 T_2

図 **5.13** 連結グラフ G とその幅優先木 T_1 と深さ優先木 T_2

向き付き可能グラフ G 強連結有向グラフ F

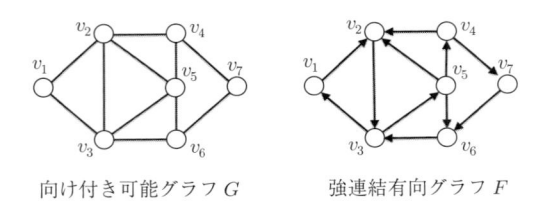

図 **5.14** 向き付け可能グラフ G と強連結有向グラフ F．

となる．訪問する際に使用した辺の集合 $\{e_1, e_5, e_4, e_6, e_8\}$ により誘導される全域部分グラフ $G[\{e_1, e_5, e_4, e_6, e_8\}]$ は，図 5.13 の点 v_0 を根とする根付き全域木となる．このような全域木のことを**幅優先木**（**BFS 木**）(breadth first tree) と呼ぶ．幅優先木の例として，図 5.13 に連結グラフ G の幅優先木 T_1 を与える．

さらに，図 5.13 の連結グラフ G を v_0 を始点として深さ優先探索で走査する場合を考える．まず，点 v_0 に隣接している点 v_1 を訪問し，点 v_1 に隣接している未訪問点 v_2 を，点 v_2 に隣接している未訪問点 v_3 を順に訪問する．点 v_3 に隣接している未訪問点がないので，1 つ前の訪問点である点 v_2 に戻り，点 v_2 に隣接している未訪問点 v_4 を訪問する．最後に点 v_4 に隣接している未訪問点 v_5 を訪問する．これで，すべての点を訪問したので走査を終了する．つまり，深さ優先探索での走査順は $v_0 \Rightarrow v_1 \Rightarrow v_2 \Rightarrow v_3 \Rightarrow v_4 \Rightarrow v_5$ となる．訪問する際に使用した辺の集合 $\{e_1, e_2, e_3, e_8, e_9\}$ により誘導される全域部分グラフ $G[\{e_1, e_2, e_3, e_8, e_9\}]$ は，G の点 v_0 を根とする根付き全域木となる．このような全域木のことを**深さ優先木**（**DFS 木**）(depth first tree) と呼ぶ．深さ優先木の例として，図 5.13 に連結グラフ G の深さ優先木 T_2 を与える．

連結無向グラフ G のすべての辺を方向づけて強連結有向グラフが得られるとき，G は**向き**

アルゴリズム **dfs-orientation**($v_p \in V(G), v \in V(G)$)
(1) v を訪問済としてマークし，$V(F)$ に追加する．
(2) v に隣接する，v_p 以外の任意の既訪問点 w について有向辺 (v, w) を $E(F)$ に追加する．
(3) v に隣接するまだ訪問していない各点 u について，以下を実行する．
 (a) $E(F)$ に有向辺 (v, u) を追加する．
 (b) dfs-orientation(v, u) を再帰呼び出しする．

図 **5.15** 深さ優先探索向き付け再帰アルゴリズム dfs-orientation

付け可能 (orientable) であるという．たとえば，図 5.14 の無向グラフ G は向き付け可能である．実際，G のすべての辺を方向づけた図 5.14 の有向グラフ F は強連結である．次の定理は，連結無向グラフが向き付け可能であるための必要十分条件を与えている．

定理 5.9 (H.E.Robbins [6]) 連結無向グラフ G が向き付け可能であるための必要十分条件は，G の任意の辺が少なくとも 1 つのサイクルに含まれることである．

この定理により，向き付け可能な連結無向グラフは<u>橋をもたない</u>ことが容易にわかる．そこで，橋をもたない無向連結グラフ（つまり，向き付け可能グラフ）が与えられたとき，強連結性を満たすようにすべての辺を方向づける，深さ優先探索再帰アルゴリズム dfs に基づく向き付けアルゴリズム **dfs-orientation**（図 5.15）について簡単に紹介する．このアルゴリズムは，dfs と同様に，ある 1 点（始点）から始め，隣接する既訪問点へ向かっての有向辺を加えた後，未訪問点があればその点へ向かって有向辺を加える．未訪問する点がなくなったときに，1 つ前の点に戻り，そこからまたできる限り深く未訪問点を訪問していくという再帰アルゴリズムである．橋をもたない無向連結グラフ G が与えられたとき，G のすべての辺を強連結性を満たすように方向付けることで得られる有向グラフ F を出力する．図 5.13 の連結グラフ G を v_0 を始点として向き付けする例を用いて dfs-orientation の動作を概観しよう．まず，始点 v_0 について以下の操作を行う．v_0 が $V(G)$ に追加され，$V(G) = \{v_0\}$ となる．さらに，隣接する既訪問点はないので，未訪問点の 1 つ v_1 を選び，$E(F)$ に有向辺 (v_0, v_1) を追加し，$E(F) = \{(v_0, v_1)\}$ とする．同様の操作を v_1 について行うことで，$V(F) = \{v_0, v_1\}$, $E(F) = \{(v_0, v_1), (v_1, v_2)\}$ を得る．次に v_2 では，$V(F) = \{v_0, v_1, v_2\}$ となり，v_1 以外の隣接既訪問点として v_0 が存在するので，$E(F)$ に有向辺 (v_2, v_0) が追加され，$E(F) = \{(v_0, v_1), (v_1, v_2), (v_2, v_0)\}$ となる．この操作を dfs の走査順である $v_3 \Rightarrow v_4 \Rightarrow v_5$ の順に適用すると，点集合 $V(F) = V(G)$, $E(F) = \{(v_0, v_1), (v_1, v_2), (v_2, v_0)(v_2, v_3), (v_3, v_0), (v_2, v_4), (v_4, v_5), (v_5, v_1), (v_5, v_2)\}$ が得られる．以上の操作を行って得られる有向グラフ F を図 5.16 に示す．なお，アルゴリズムの命令 (2) で追加された有向辺は破線の矢印線で，命令 (3)-(a) で追加された有向辺は実線の矢印線で表されている．

5.3.2 順序木

すべての内部ノードの子に長子から末子まで順序が付いている根付き木のことを**順序木** (ordered tree) という．コンピュータのディレクトリ構造，HTML というマークアップ言語で記述されている Web ページ，自然言語の構文木などは順序木で表現できる．子の順序が一目でわかるように，順序木の各ノードは子の順序に従って左から右に並ぶように配置して描画

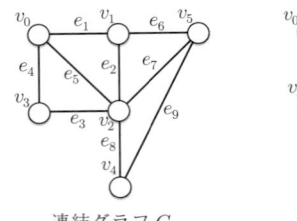

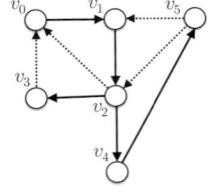

図 5.16 連結グラフ G とその強連結性を満たす向き付けを施した有向グラフ F. 有向グラフ F において破線の矢印線は dfs-orientation の命令 (2) で，実線の矢印線は命令 (3)-(a) で追加された有向辺を表す．

するのが一般的である．図 5.10(b) の根付き木 T' は順序木の例となっている．図 5.10(b) の順序木 T' を子の順序を考慮しつつ深さ優先探索で訪問すると，開始ノード v_0 からノードを $v_1 \Rightarrow v_3 \Rightarrow v_4 \Rightarrow v_7 \Rightarrow v_8 \Rightarrow v_2 \Rightarrow v_5 \Rightarrow v_6$ の順に訪問することになる．この訪問順を固定した上で，訪問したノードラベルをどの時点で書き出すかにより次の 3 つの方法が考えられる．

(a) 初めて訪問したときにノードラベルを書き出す．具体的には，再帰的に次の操作を行うことでノードラベルを書き出す：あるノード v を訪問したらすぐに v のノードラベルを書き出し，その後 v の子供を根とする部分木について再帰的に書き出す．この書き出し方を**行きがけ順** (preorder) という．図 5.10(b) の順序木 T' に対し，行きがけ順に書き出されたノードラベルの列は $[+, \times, a, -, b, c, /, c, d]$ となる．これは，数式を記述する方法の 1 つである**ポーランド記法（前置記法）**に対応している．

(b) 葉は訪問したらすぐに，内部ノードは 2 回目に訪問したときに書き出す．具体的には，再帰的に次の操作でノードラベルを書き出す：あるノード v を訪問したら，長子を根とする部分木について書き出した後，v のノードラベルを書き出し，第 2 子以降の子を根とする部分木について順に書き出す．この書き出し方を**通りがけ順** (inorder) という．図 5.10(b) の順序木 T' に対し，通りがけ順に書き出されたノードラベルの列は $[a, \times, b, -, c, +, c, /, d]$ となる．これは，数式を記述する方法の 1 つである**中置記法**で，これまでに慣れ親しんだ数式の記述法に対応している．

(c) もう訪問することがない，つまり親へ移動しなければならなくなった際にノードラベルを書き出す．具体的には，再帰的に次の操作を行ってノードラベルを書き出す：あるノード v を訪問したら v の子供を根とする部分木について書き出した後，v のノードラベルを書き出す．この書き出し方を**帰りがけ順** (postorder) という．図 5.10(b) の順序木 T' に対し，帰りがけ順に書き出されたノードラベルの列は $[a, b, c, -, \times, c, d, /, +]$ となる．これは，数式を記述する方法の 1 つである**逆ポーランド記法（後置記法）**に対応している．

前節では全域木を数え上げることを考えたが，2002 年に Zaki [7] と浅井ら [1] により独立に順序木を重複なく枚挙する方法が提案された．彼らの方法は，1998 年に R.J.Bayardo [2] により提案された集合枚挙木 (set enumeration tree) の構築手法を順序木の枚挙に応用したものである．集合枚挙木とは，有限集合 A のすべての部分集合を重複なく枚挙する方法を木で表現し

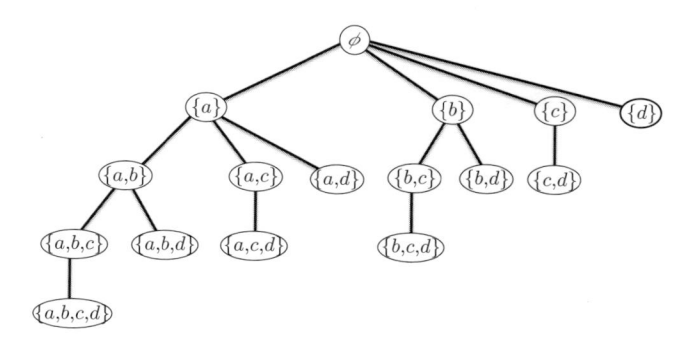

図 5.17 集合 $\{a,b,c,d\}$ の部分集合を枚挙する集合枚挙木

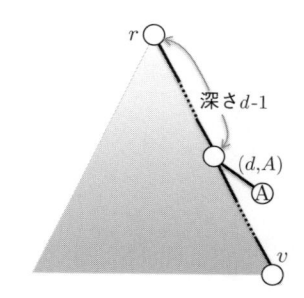

図 5.18 (d,A)-最右拡張

たものである．たとえば，集合 $A = \{a,b,c,d\}$ に対する集合枚挙木は図 5.17 で示された根付き木となる．A の $16(=2^4)$ 個すべての部分集合が根付き順序木の各ノードに重複なく現れていることがわかる．順序木を深さ優先で走査した際に最後に現れる葉を v とすると，根から v までのパスを**最右パス** (rightmost path) という．この最右パス上の深さ $d-1$ のノードの末子（最も右の子供）としてラベル ℓ をもつノードを追加する操作を (d,ℓ)-**最右拡張** (rightmost expansion) という．図 5.18 に，深さ $d-1$ のノードの末子にラベル A のノードを追加する (d,A)-最右拡張の概念図を示す．例として，ノードラベルとして A,B をもつ順序木を枚挙する方法を示した木を図 5.19 に示す．順序木は，Web ページや構文木といったものから，生命の木や系図，トーナメントまで表現することができるため，いろいろな場面で目にすることができる．そのため，順序木の集合 S が与えられたときに，その集合 S に含まれる要素に共通する特徴を見つけ出す様々な**グラフマイニング** (graph mining) 手法 [1,7] がこれまで提案されている．

5.3.3 完全 2 分木

次の条件を満たす根付き順序木 T を**完全 2 分木** (complete binary tree) という．

(1) T の任意の内部ノードは 2 つの子をもつ．
(2) T の高さを h とすると，任意の葉の深さは h か $h-1$ であり，T の葉を行きがけ順に並べたとき，深さ h の葉は必ず深さ $h-1$ の葉より先に出現する．

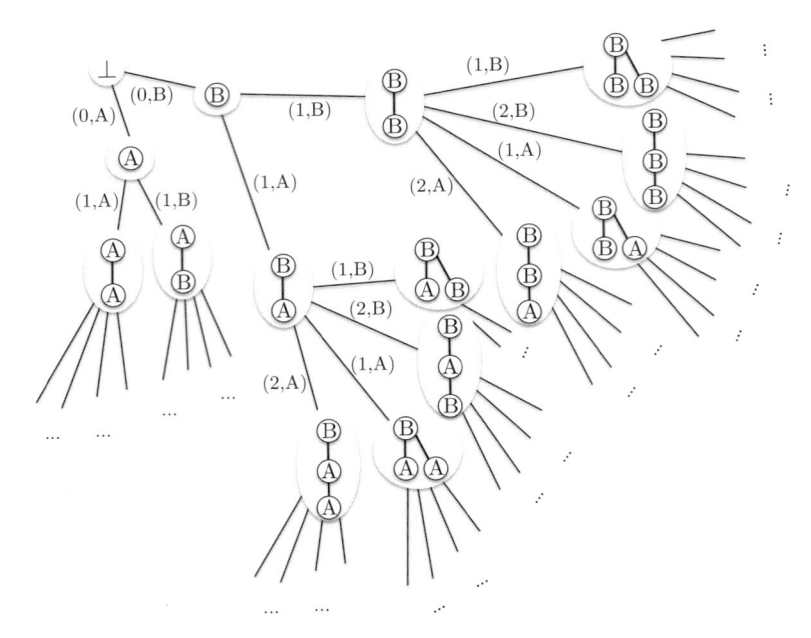

図 5.19 最右拡張を用いた順序木の枚挙方法を表す根付き木

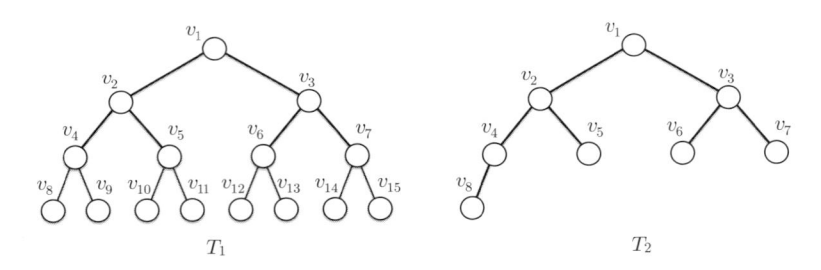

図 5.20 高さ 3 のノード数最多完全 2 分木 T_1 とノード数最小完全 2 分木 T_2

ただし，行きかけ順に並べたとき最後に現れる深さ h の葉を子としてもつ内部ノードが左の子しかもたないものも完全 2 分木と呼ばれる．

例 5.8 図 5.20 にノード数が最多および最少の高さ 3 の完全 2 分木を示す．両方の完全 2 分木とも深さが 0,1,2 のノードはそれぞれ $1(=2^0), 2(=2^1), 4(=2^2)$ 個あるが，深さ 3 のノードは左には $8(=2^3)$ 個あるが，右には 1 つしかない．

T を r を根とするノード数 n の完全 2 分木とする．このとき，ノード数 n と高さ $h = height_T(r)$ との関係および各ノード v の深さ $depth_T(v)$ と高さ $height_T(v)$ との関係を考える．完全 2 分木の定義より，T の深さ $i (i = 0, 1, 2, \ldots, h-1)$ のノードはそれぞれ 2^i 個存在する．また，T の深さ h のノードは 1 つ以上 2^h 個以下存在するから，不等式

$$2^0 + 2^1 + \cdots + 2^{h-1} + 1 \leq n \leq 2^0 + 2^1 + \cdots + 2^{h-1} + 2^h$$
$$2^h \leq n \leq 2^{h+1} - 1$$

が成り立つ．

対数をとって，
$$h \leq \log_2 n < h+1$$
となる．hは自然数なので，ノード数nと高さhとの関係は$h \leq \lfloor \log_2 n \rfloor$を満たすことになる．

また，$h = height_T(r) = depth_T(v) + height_T(v)$となるノード$v$が必ず存在する（一番左に描かれる葉）．さらに，$T$の任意のノード$u$について，
$$h - 1 \leq depth_T(u) + height_T(u) \leq h$$
である．

ノード数nの完全2分木$T = (V_T, E_T)$を考える．なお，Tのノード集合V_Tは幅優先順に番号がつけられているものとし，各ノードは番号iを添字にもつv_iで表すこととする．このとき，Tは長さnの1次元配列Aで次のように実現できる．ノードv_iを配列Aのi番目の要素$A[i]$に対応させれば，v_iの左の子，右の子，親はそれぞれ$A[2i]$, $A[2i+1]$, $A[\lfloor i/2 \rfloor]$を参照すればよいことになる．これらの完全2分木の特徴を活かし，要素間に全順序が存在する要素数nの集合を「子の要素は親の要素より常に小さいか等しい」という条件を満たすようにノードに割り当てたものを**ヒープ**という．このヒープを使用して要素を管理することで，最小要素を定数ステップで取り出すことができ，さらに新規の要素の追加，既存要素の削除などは$\log_2 n$の定数倍ステップで可能となり，効率よくかつ容易に集合を管理することができる．

演習問題

設問1 同形のものを除いてノード数6の木6つをすべて描き出せ．

設問2 木はすべて2部グラフであることを示せ．

設問3 nを1以上の自然数とする．このとき，アルコール$\mathbf{C}_n\mathbf{H}_{2n+1}\mathbf{OH}$に対応するグラフは必ず木となることを示せ．なお，炭素$\mathbf{C}$は点次数4のノード，酸素$\mathbf{O}$は点次数2のノード，水素$\mathbf{H}$は点次数1のノードに対応させるものとする．

設問4 点次数1のノードをちょうど2つもつ木に対し，1以外の点次数はすべて2であることを示せ．このような木のことを**鎖** (chain) という．

設問5 最大次数Δの木は少なくともΔ個の点次数1のノードをもつことを示せ．なお，グラフGの最大次数とはG中のノードの点次数のうち最大のものをいう．

設問6 4点をもつ点ラベルなし完全グラフK_4の2つの全域木を描き出せ．

設問7 点ラベルつき完全2部グラフ$K_{2,t}$の全域木の個数$\tau(K_{2,t})$をtを用いて表せ．また，点ラベルなし完全2部グラフ$K_{2,s}$の全域木の個数を，同形を考慮した上でsを用いて表せ．

設問 8 中国地方の在来線の路線図を表す次の重み付きグラフ G について以下の問いに答えよ．なお，G において駅間の距離は辺の重みとして与えている．たとえば，広島駅と三次駅間の距離は約 69 キロなので，辺番号に加えて重みを付けた形式 $e5(69)$ で表記している．

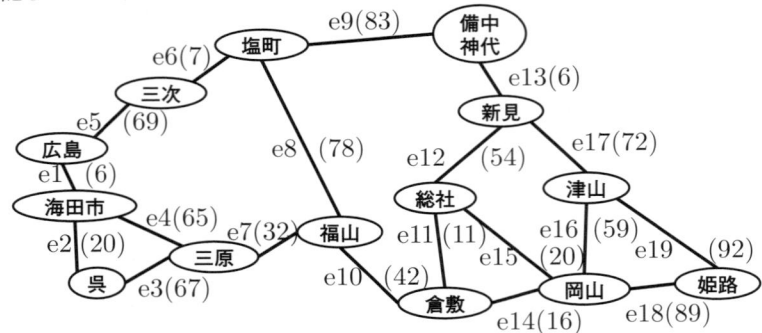

中国地方の路線図を表すグラフ G

(1) G の最適木を求めよ．なお，クラスカルとプリムの両アルゴリズムを用いてそれぞれ求めること．

(2) 重みを無視したグラフ G について，広島駅を開始点とした幅優先木と深さ優先木をそれぞれ求めよ．

(3) 重みを無視したグラフ G が向き付け可能であることを示し，アルゴリズム dfs-orientation を用いて G を強連結有向グラフになるように向き付けせよ．

設問 9 ノードラベルとして $\{A, B\}$ をもつ次の順序木 T に対して，最右拡張を適用せよ．

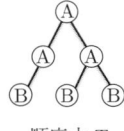

順序木 T

設問 10 n 個の葉をもつ完全 2 分木は何個の内部ノードをもつか答えよ．

参考文献

[1] 浅井 達哉，有村 博紀，「半構造データマイニングにおけるパターン発見技法」，電子情報通信学会論文誌，J87-D-I(2), pp. 79-96 (2004).

[2] R.J. Bayardo Jr., "Efficiently Mining Long Patterns from Databases," In *Proceedings of SIGMOD'98*, pp. 85-93 (1998).

[3] T.H. Cormen, C.E. Leiserson, R.L. Rivest and C. Stein, "Introduction to Algorithm," MIT Press, 3rd edition, 2009, (邦訳) 浅野哲夫，岩野和生，梅尾博司，山下雅

史,和田幸一,「アルゴリズムイントロダクション 第2巻(アルゴリズムの設計と解析手法)」,近代科学社 (1995).

[4] J.B. Kruskal, "On the Shortest Spanning Subtree of a Graph and the Traveling Salesman Problem," In *Proceedings of the American Mathematical Society*, Vol 7, No. 1, pp. 48-50 (1956).

[5] R.C. Prim, "Shortest Connection Networks and Some Generalizations," *Bell System Technical Journal*, Vol.36, pp. 1389-1401 (1957).

[6] H.E. Robbins, "A Theorem on Graphs with an Application to a Problem of Traffic Control," *American Mathematical Monthly*, Vol.46, pp. 281-283 (1939).

[7] M.J. Zaki, "Efficient Mining Frequent Tree in a Forest," In *Proceedings of SIGKDD'02*, pp. 71-80 (2002).

第6章
グラフの平面性

□ 学習のポイント

　辺を交差することなくグラフを平面上に描画できることは，グラフの平面性として定式化され，プリント基板設計などに応用されている．本章では，グラフが平面的であるための必要十分条件を概説する．また，幾何学的双対グラフや外平面的グラフの特性化など，平面性に関連するいくつかの結果も説明する．グラフを平面に描画するときの辺の交差数，あるいはグラフの厚さ（いくつかの平面的グラフの和に分解するときの平面的グラフの最小個数）などについては，演習問題として取り上げて説明する形式をとる．この章の目標は以下の通りである．

- 平面的グラフの面と境界とは何かを把握し，平面的グラフの面数，点数，辺数の基本的関係を表すオイラーの公式を理解するとともに，種々の状況で公式を適用することができる．
- グラフの細分や位相同形性，および辺の縮約や開放除去，などグラフ変形操作やグラフ間の関連性を通して，クラトウスキーの定理の概要を理解する．
- 幾何学的双対グラフ，外平面的グラフ，など平面的グラフに関連する事項を理解する．
- 辺の交差数，グラフの厚さ，など実用上重要な概念にも踏み込んで基礎的な結果について知識を得る．

□ キーワード

　平面的グラフ，非平面的グラフ，平面描画，平面埋め込み，面，境界，オイラーの公式，クラトウスキーの定理，幾何学的双対グラフ，外平面的グラフ，辺の交差数，グラフの厚さ

6.1　平面的グラフと非平面的グラフ

　与えられたグラフ $G = (V, E)$ の点と辺を平面上に描画することを考える．このとき，点と辺をうまく配置するとどの辺もその端点以外では交差しないように描くことができるならば，このグラフを**平面的グラフ** (planar graph) という．そうでないならば**非平面的グラフ** (nonplanar graph) という．平面的グラフを実際にどの辺も交差しないように平面上に描画したグラフのことを**平面グラフ** (plane graph) あるいは**平面描画** (plane drawing) という．平面的グラフと平面グラフは明確に区別すべきである．図 6.1 を参照されたい．同図 (1) は平面的グラフを平面に描いたもので，辺 c と辺 e は交差して描かれている．一方，同図 (2) は辺が交差しないように描いたもので，平面グラフである．"平面的"と"平面"は混同しやすいので，以後は平面グラフのことを平面描画と表現することにする．なお，平面描画は**平面埋め込み** (plane embedding) ともいう．一方，図 6.2 には非平面的グラフの代表例を 2 つ示している．同図 (1) は 5 点から

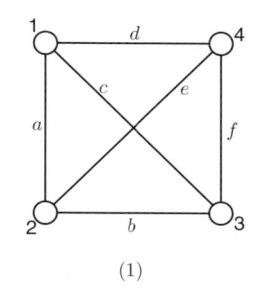

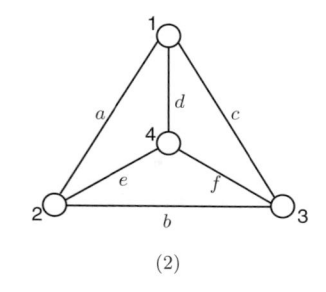

図 6.1 平面的グラフの表現（左側）と平面グラフ（平面描画）（右側）

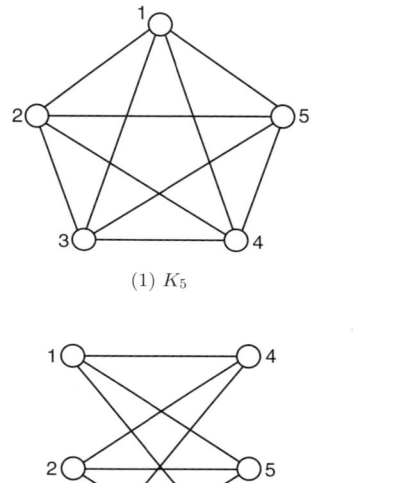

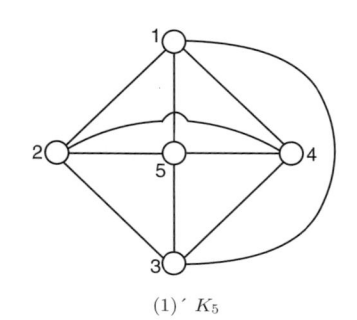

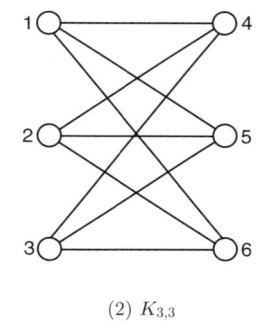

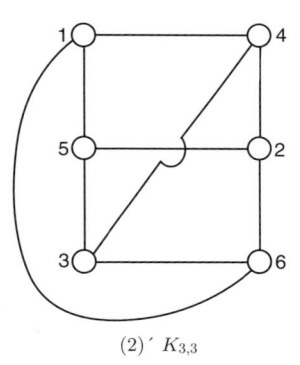

図 6.2 非平面的グラフ．(1) K_5; (2) $K_{3,3}$．((1) を (1)' に，(2) を (2)' にそれぞれ変形して用いることが多い)

なる完全グラフで K_5 と表す．同図 (2) は 3 点ずつ計 6 点からなる完全 2 部グラフで $K_{3,3}$ と表す．これらが非平面的であることはあとで証明する．なお，K_5, $K_{3,3}$ いずれも同図 (1)'，(2)' に示すように変形して用いることが多い．（この方が辺の交差状況がよくわかる：実際，後述の平面性の特性化にはこの形が出現する．）

単純グラフ，多重グラフいずれも平面性は考えられるが，多重グラフが平面的であることは，単純化したグラフ（多重辺を適当に除去して単純辺を残すことにより構成した単純グラフ）が平面的であることと同値である．したがって，以後は 単純グラフのみを扱う こととする．

6.2 グラフの平面性と回路設計への応用

6.2.1 電気回路とプリント基板

電気回路をプリント基板として設計する際に，グラフの平面性が重要な役割を担う（図 6.4〜図 6.10 参照）．1 枚のプリント基板のイメージを図 6.3 に示す．このレイアウト設計の場合，通常は設計対象の回路を 2 分割し，分割された回路の各々を表面（上層）または裏面（下層）で設計することを考える．部品は上層または下層に配置し，配線はできるだけ上層または下層で行う．配線設置は層の上に貼り付く形なので，1 つの層上では交差する配線はできない．上層，下層での配線設置後に未結線として残った配線はビアと中間層（上層，下層以外の層）を用いて行う．また，分割された回路に跨る配線も同様にビアを（必要ならば中間層も）用いて結線する．同図では，中間層は 2 層ある．基板形状の最適化（指定された基板形状を実現する，あるいはそれにできるだけ近づけること），基板面積や層数の最小化，などが課題となる．このことは，辺数の多い平面的グラフの抽出法や，いくつかの平面的グラフの和集合への分解を考えるときのできるだけ個数の少ない分解法，などが必要となることを示唆している．

6.2.2 グラフモデルとレイアウト設計

簡単な例で説明しよう．図 6.4 は小さな電気回路の例である．簡単のため，これをプリン基板の 1 つの層（たとえば，上層）で設計する場合を想定しよう．そのための 1 つの方法として，たとえば，図 6.5〜図 6.8 に示すモデル化により，回路図をグラフとして表現する（これら以外にも，種々のモデル化の仕方がある）．このモデル化により，図 6.4 から図 6.9 や図 6.10 が得られる．プリント基板として実現するためには，このグラフモデルが平面的グラフであることが必要である．ここに，グラフの平面性判定が用いられる．

注意 6.1 なお，このグラフモデルが平面的グラフであっても，実際にプリント基板として実現できる保証を与えるものではない．詳細は省略するが，部品とその端子群の位置，反転配置可能性，なども考慮に入れたより詳細なモデル化に基づいた平面性判定が必要になってくる．

グラフモデルが非平面的グラフである場合には，何本かの辺を除去して平面的グラフを抽出

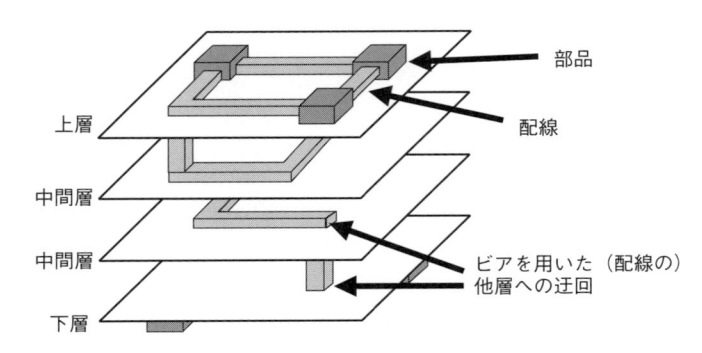

図 6.3 プリント基板のイメージ図（実際には，このような層（ここでは 4 層）をサンドイッチ状に合わせて 1 枚の基板としているが，ここでは各層を別々に表示している）

図 6.4　回路図の例

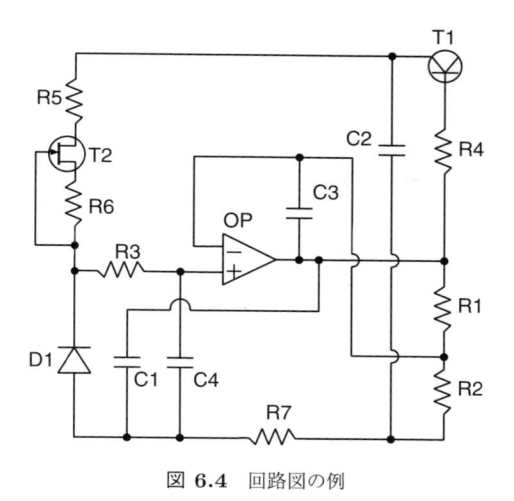

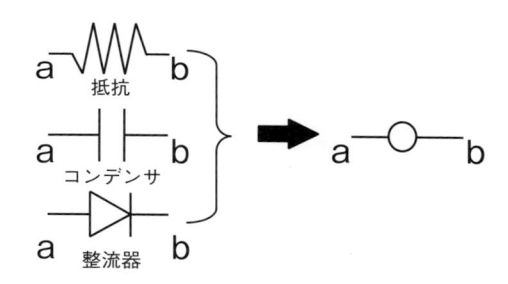

図 6.5　電気回路のグラフモデル化 (1)

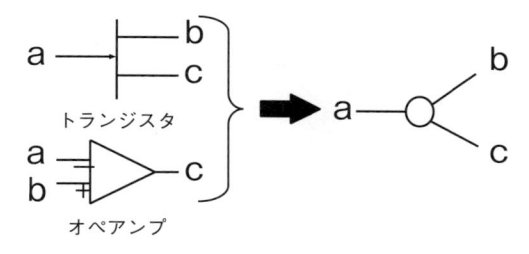

図 6.6　電気回路のグラフモデル化 (2)

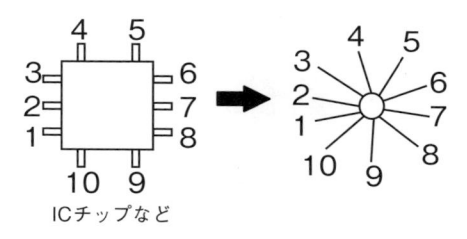

図 6.7　電気回路のグラフモデル化 (3)

図 **6.8** 電気回路のグラフモデル化 (4)

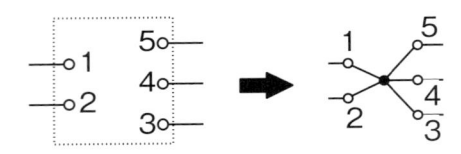

同電位にする接続端子群（ネット）　　ネット点の追加と木構造接続

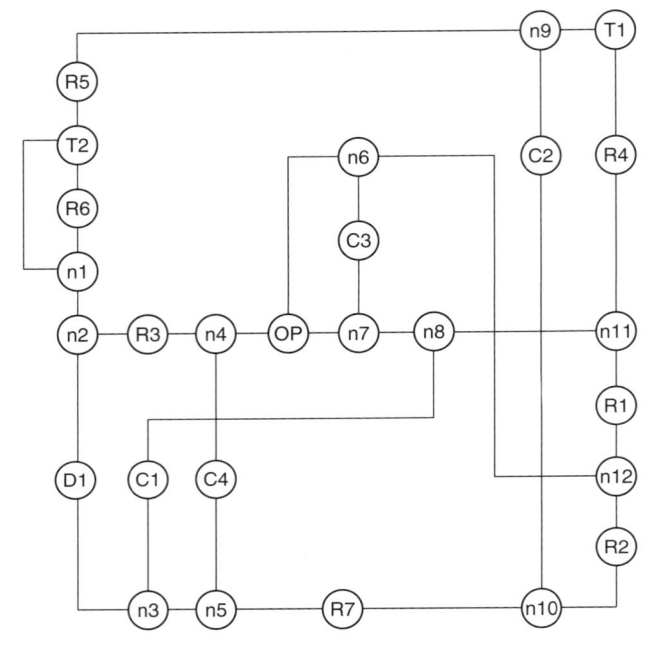

図 **6.9** 図 6.4 のグラフ表現の例

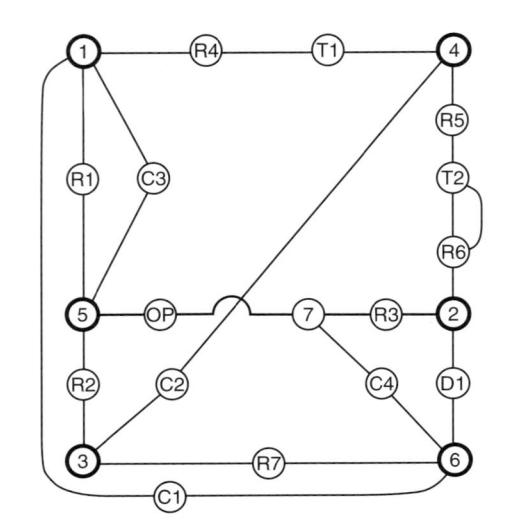

図 **6.10** 図 6.9 のグラフの別表現

し，これを使ってまずプリント基板を設計する．除去した辺に対応する配線は，基板にビアと呼ばれる穴をあけて他層を迂回して再度ビアで元の層に戻る形で（つまり，立体交差として）実現する．

6.3 平面描画における面とオイラーの公式

6.3.1 平面描画と面

与えられた平面的グラフ $G = (V, E)$ の平面描画を任意に1つ固定して説明する．**面** (face) とは以下のように定義される平面上の領域のことである：

> "その中の任意の2点間に対し，これらを結び，かつ G のどの辺にも交差しない線分を引くことができるような極大な領域．"

定義は上述の通りであるが，その意味するところは次のことである．

> "平面描画が紙面上に描かれていると考えて，G の各辺に沿ってハサミで切り取るといくつかの紙片に分けられる．これらの各紙片に対応する領域が面である．"

図 6.11 に示す平面描画の例では面は $f_1, \ldots, f_5$ の5つである．$f_1, \ldots, f_4$ を**有限面** (finite face)，f_5 を**無限面** (infinite face) と呼ぶ．また，図 6.12 に示すように，各面を取り囲むような，G の点と辺の列をその面の**境界** (contour) という．1本の辺が1つの面の境界に2度出現することがある．（これが生じるのはその辺が橋であるときおよびそのときのみである．）

注意 6.2 平面的グラフならば，任意の1つの面を無限面とする平面描画が存在する．

6.3.2 平面描画の点数，辺数，および面数

いま，平面描画 G のすべての面の集合を F とおこう．点数 $|V|$，辺数 $|E|$，面数 $|F|$ の間には次のような関係がある．これは**オイラーの公式** (Euler's formula) として知られている．

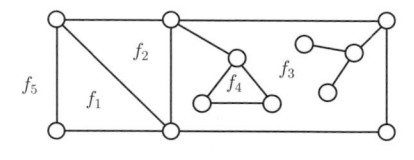

図 6.11 平面描画における面 $f_1, \ldots, f_5$

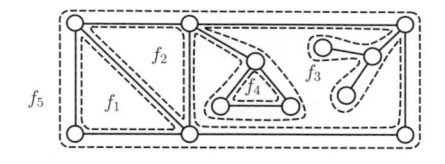

図 6.12 図 6.11 の平面描画における面の境界（点線に沿う点と辺の列）

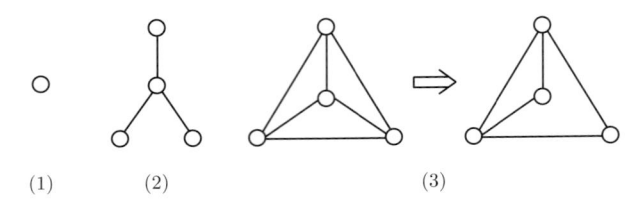

図 6.13 オイラーの公式の証明：(1) $|E|=0$ のとき；(2) G が木のとき；(3) G から 1 本の辺を除去したとき．

定理 6.1 （オイラーの公式）[9] G は連結な単純グラフであり，かつ平面的であるとする．このとき，G の任意の平面描画に対して以下が成り立つ：

$$|V| - |E| + |F| = 2.$$

（証明）　辺数 $|E|$ に関する帰納法で証明する．
（$|E|=0$ のとき）$|V|=1$ であり，面は無限面のみであるから，$|F|=1$ である．よって，$|V|-|E|+|F|=2$（図 6.13(1) 参照）．
（帰納法のベース：$|E|=1$ のとき）$|V|=2, |F|=1$ であり，$|V|-|E|+|F|=2$．
（帰納法の仮定）$|E|=m$ $(m \geq 1)$ のとき定理は成り立つ．
（帰納法のステップ：$|E|=m+1$ のとき）G が木ならば（図 6.13(2) 参照），$|V|=|E|+1$ であり（注意 6.3 参照），やはり面は無限面のみであるので，$|F|=1$ である．ゆえに，$|V|-|E|+|F|=2$ である．次に，G は木ではないとする（図 6.13(3) 参照）．G はサイクルをもつから，有限面が存在し，$|F| \geq 2$ である．有限面の境界上の辺で他の面の境界にも含まれるものが存在するので，そのような 1 本の辺を G の平面描画から除去してみる．その結果生じる平面描画 $G' = (V', E')$ に着目する．その面の集合を F' とおけば，

$$|V'| = |V|, \quad |E'| = |E| - 1, \quad |F'| = |F| - 1$$

である．G' に対しては帰納法の仮定が適用できるので，

$$|V'| - |E'| + |F'| = 2$$

である．したがって，

$$|V| - (|E| - 1) + (|F| - 1) = 2,$$
$$|V| - |E| + |F| = 2$$

となり，$|E|=m+1$ のときにも定理が成り立つことが示された． 　　（証明終り）

注意 6.3 $|V|=|E|+1$ は $|V|$ に関する帰納法で証明できる（定理 5.1(2) 参照）．

単純グラフのみを考えていることに注意すると，$|V| \geq 3$ なる連結グラフ $G = (V, E)$ の平面描画においては，どの面の境界も 3 本以上の辺を含むことがわかる．たとえば，図 6.11 でもこのことは成り立っている．また，図 6.1(2) では，どの面の境界も 3 本の辺からなっている．

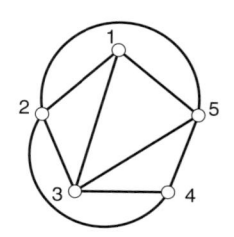

図 6.14 極大平面的グラフの例（図 6.17(2) の平面描画である）．

面 f の境界を 1 周するとき，通過する辺の数を $\alpha(f)$ と表す．図 6.12 では，

$$\alpha(f_1) = \alpha(f_2) = \alpha(f_4) = 3, \quad \alpha(f_3) = 15, \quad \alpha(f_5) = 6$$

である．ここで重要なことは，どの辺もちょうど 2 回通過されることである：異なる面の境界に共有されるか，または（橋である場合に）同一の面の境界に 2 度出現する．よって，すべての面 f について $\alpha(f)$ の総和を考えてみると

$$\sum_{f \in F} \alpha(f) = 2|E|$$

が成り立つ．よって，オイラーの公式を利用して

$$2|E| = \sum_{f \in F} \alpha(f) \geq 3|F| = 3(2 - |V| + |E|),$$

$$|E| \leq 3|V| - 6$$

となる．もし，どの面の境界も 4 本以上の辺を含むならば

$$2|E| \geq 4|F| = 4(2 - |V| + |E|),$$

$$|E| \leq 2|V| - 4$$

となる．（これには G が 2 部グラフの場合などが該当する．）以上をまとめて次の命題とする．

命題 6.1 $G = (V, E)$ は連結単純グラフで平面的であるとする．$|V| \geq 3$ ならば次の (1),(2) が成り立つ．

(1) $|E| \leq 3|V| - 6$.
(2) どの面の境界も 4 本以上の辺を含むならば，$|E| \leq 2|V| - 4$.

6.3.3 極大平面的グラフと非平面的グラフ

命題 6.1(1) で等号が成り立つときには，どの面の境界もちょうど 3 本の辺からなる（つまり，どの面も 3 角形として表される）．したがって，もしこれにさらに辺を単純辺として付加できるときには，付加後には非平面的グラフとなる．一般に，平面的グラフ G について，非隣接点対

をもたない場合，あるいは非隣接点対をもっているときに，どの非隣接点対の間に辺を付加しても非平面的グラフとなる場合，G は**極大平面的** (maximal planar) であるという．図 6.1(2) および図 6.14 は極大平面的グラフの例である．定義から $n \leq 4$ なる K_n は極大平面的グラフである．次の命題が成り立つ（演習問題 設問 1 参照）．

命題 6.2 $G = (V, E)$ を極大平面的グラフとする．このとき，G は連結である．また，$|V| \leq 4$ ならば，G は $K_{|V|}$ に同形であり，$|V| \geq 4$ ならば任意の点次数は 3 以上である．

さらに次の命題も成り立つ（演習問題 設問 2 参照）．

命題 6.3 $G = (V, E)$ は連結単純グラフで平面的であるとする．G に対して，次の (1), (2) が成り立つ．

(1) 点次数が 5 以下の点が存在する．
(2) $|V| \geq 4$ ならば，点次数が 5 以下の点が 4 点以上存在する．

平面的グラフの特徴付けにおいて重要な，完全グラフ K_5 および完全 2 部グラフ $K_{3,3}$ については，次の命題が成り立つ．

命題 6.4 K_5, $K_{3,3}$ はいずれも非平面的グラフである．

（証明） もし K_5 が平面的ならば，($|V| = 5 \geq 3$ なので) 命題 6.1(1) より

$$|E| = 10 \leq 3|V| - 6 = 3 \times 5 - 6 = 9$$

が成り立たたなければならないが，これは矛盾である．よって K_5 は非平面的である．次に，$K_{3,3}$ が平面的であると仮定してみる．$K_{3,3}$ は 2 部グラフなので，その平面描画においてはどの面の境界も 4 本以上の辺を含む（もし 3 角形の面があるとすると奇サイクルが存在することになり，2 部グラフの定義に反する）．よって ($|V| = 6 \geq 3$ なので) 命題 6.1(2) より

$$|E| = 9 \leq 2|V| - 4 = 2 \times 6 - 4 = 8$$

が成り立たなければならないが，これは矛盾である．よって $K_{3,3}$ も非平面的である．

（証明終り）

6.4 平面性の特徴付け

与えられた単純グラフが平面的であるための必要十分条件は，クラトウスキー (Kuratowski) の定理として知られている．合わせてワグナー (Wagner) の定理も紹介する．まず，クラトウスキーの定理を概説しよう．

6.4.1 細分と位相同形

グラフ $G = (V, E)$ の 1 本の辺 $e = \{u, u'\}$ を，u と u' を結ぶ長さ r のパス $p_{uu'}$ に置き換

(1) K_5 の細分 (2) $K_{3,3}$ の細分

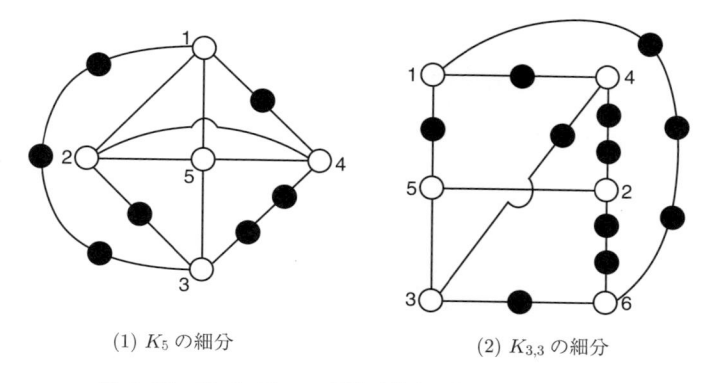

図 6.15　K_5 と $K_{3,3}$ の細分（黒点が追加した点である）

えることを，e を**細分する** (subdivide) という．ここで $p_{uu'}$ は $v_0 = u$, $e_1 = \{v_0, v_1\}$, v_1, $e_2 = \{v_1, v_2\}$, $v_2, \ldots, v_{r-1}$, $e_r = \{v_{r-1}, v_r\}$, $v_r = u'$ なる点と辺の交互列であり，途中の点 $v_1, \ldots, v_{r-1}$ は新しく追加する点でいずれも次数 2 とする．また，$r \geq 1$ とする．（$r = 1$ は自明なので実質的には $r \geq 2$ である．）G の何本かの辺（0 本でもよい）を細分して構成できるグラフ H を G の**細分** (subdivision) という．このとき，H は G に**位相同形** (homeomorphic) であるという．図 6.15 に K_5 と $K_{3,3}$ の細分を示す．これらの細分はいずれも非平面的である．

一般的に，平面的グラフの細分は平面的であり，非平面的グラフの細分は非平面的である．このことは細分の操作を考えてみれば明らかである．

6.4.2　辺の開放除去と縮約

辺の開放除去や縮約と平面性との関係を説明しておこう．

一般に，平面的グラフ G とその任意の辺 e に対して，$G - e$ および $G\langle e \rangle$ はいずれも平面的であることは明らかである．逆に，H が G の部分グラフで非平面的であるならば，G も非平面的である．

$K_5, K_{3,3}$ における辺の開放除去や縮約を考える．

(1) 辺の開放除去

図 6.16 には $K_{3,3}$ における辺 $e = \{1, 4\}$ の開放除去を，図 6.17 には K_5 における辺 $e = \{1, 4\}$ の開放除去をそれぞれ示している．$K_{3,3} - e$, $K_5 - e$ いずれも平面的である．（図 6.16(2) では点 2, 6, 3, 5 からなるサイクルの内部に，また図 6.17(2) では点 2, 5, 3 からなるサイクルの内部に，それぞれ点 4 を配置すれば平面描画を得る．）このことからわかるように，$K_5, K_{3,3}$ はいずれも任意の辺 e を開放除去すると平面的となる．

(2) 縮約と縮約部分グラフ

次に $K_5, K_{3,3}$ における辺の縮約を考えてみる．図 6.18 を参照されたい．同図 (1) の $K_{3,3}$ において，辺 $e = \{1, 4\}$ に着目しよう．辺 e を開放除去し，その両端点 1, 4 を 1 つの点に合わせる．この点の名前を，1 あるいは 4 あるいは新しい名前とするかの選択があるが，ここでは一応新しい名前として w をつけておこう．この結果，同図 (2) に示すグラフ $K_{3,3}\langle e \rangle$ が構成さ

(1) $K_{3,3}$ (2) $K_{3,3} - e$

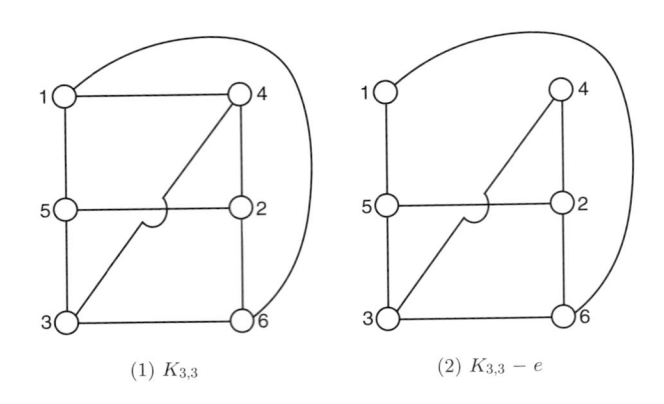

図 6.16 辺の開放除去例．$K_{3,3}$ において $e = \{1, 4\}$ を開放除去したグラフ

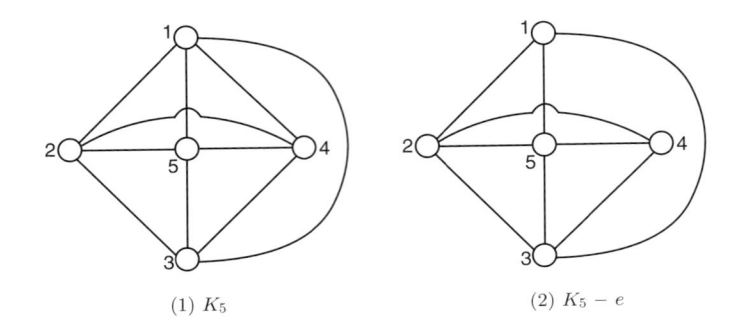

(1) K_5 (2) $K_5 - e$

図 6.17 辺の開放除去例．K_5 において $e = \{1, 4\}$ を開放除去したグラフ（(2) のグラフの平面描画は図 6.14 に示している）

れる．図 6.19 には K_5 において辺 $e = \{1, 4\}$ の縮約結果 $K_5\langle e \rangle$ を示している．

図 6.19(2) でわかるように，縮約により多重辺が新しく生じることがある．平面性を考える場合には単純化して考えてよいから，生じた多重辺は単純辺に置き換えることにする．$K_5\langle \{1, 4\} \rangle, K_{3,3}\langle \{1, 4\} \rangle$ いずれも平面的である．このことから明らかなように，$K_5, K_{3,3}$ いずれも任意の辺 e を縮約すると平面的となる．

なお，グラフの細分によって生じた次数 2 の点からなるパスに対して，適当に縮約を適用して G に同形にすることができる．

$H = (V_H, E_H)$ を G の部分グラフとし，$E'_H \subseteq E_H$ とするとき，$H\langle E'_H \rangle$ を H の**縮約グラフ** (contraction) または G の**縮約部分グラフ** (subcontraction) と呼ぶ．

6.4.3 平面性の必要十分条件

次の命題は図 6.16, 6.17, 6.18, 6.19 などからも明らかである．

命題 6.5 $K_5, K_{3,3}$ いずれについても，任意の辺 e に対して，$K_5 - \{e\}, K_{3,3} - \{e\}, K_5\langle e \rangle, K_{3,3}\langle e \rangle$ はいずれも平面的である．

まず，クラトウスキーの定理を述べておこう．

(1) $K_{3,3}$ (2) $K_{3,3}\langle e\rangle$

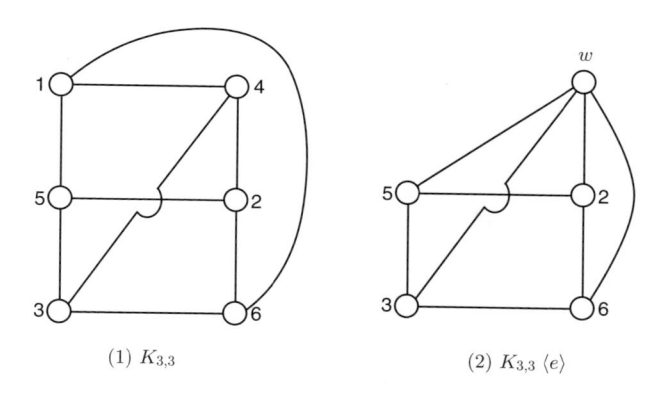

図 6.18 辺の縮約例．$K_{3,3}$ において $e=\{1,4\}$ を縮約したグラフ

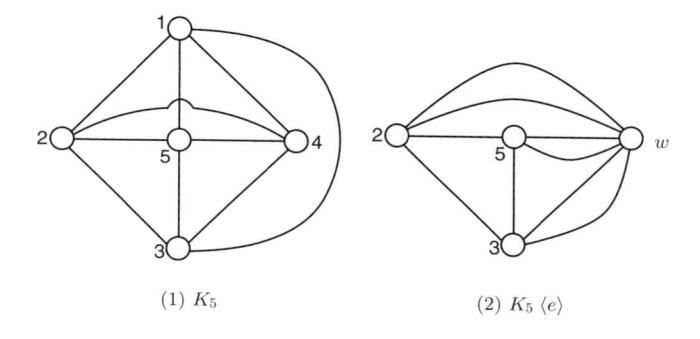

(1) K_5 (2) $K_5\langle e\rangle$

図 6.19 辺の縮約例．K_5 において $e=\{1,4\}$ を縮約したグラフ（実際には，$K_5\langle e\rangle$ は多重辺を単純辺に置き換えたグラフとする）

定理 6.2（クラトウスキーの定理）[15]

グラフ G が平面的であるための必要十分条件は，G が K_5 あるいは $K_{3,3}$ の細分に位相同形な部分グラフをもたないことである．

必要性（すなわち，G が平面的であるならば，K_5 あるいは $K_{3,3}$ の細分が部分グラフとして含まれることはないこと）の証明は簡単である．G が平面的であるとする．このとき，命題 6.4 により，G が K_5 や $K_{3,3}$ の細分を部分グラフとしてもつことはない．（もし，G が K_5 や $K_{3,3}$ の細分を部分グラフとしてもつならば，命題 6.4 により，G は非平面的である．したがって，対偶により，G が平面的であるならば，K_5 や $K_{3,3}$ の細分が部分グラフとして含まれることはない．）

一方，十分条件（すなわち，G が K_5 あるいは $K_{3,3}$ の細分を部分グラフとしてもたないならば，G は平面的であること）の証明は，多くの準備が必要であり，ここでは割愛する．たとえば文献 [2, 8, 12, 16, 17] などを参照されたい．

上記の定理は，非平面性の判定に有用であるが，平面性の判定には使い難いところがある．

また，次のワグナーの定理はクラトウスキーの定理から証明できるが，上記定理と同様に非平面性の判定に有用である．

定理 6.3 （ワグナーの定理）[18] グラフ G が平面的であるための必要十分条件は，G の縮約部分グラフで K_5 あるいは $K_{3,3}$ に同形となるものが存在しないことである．

上記 2 つの定理はグラフの平面性判定のための具体的な手順（アルゴリズム）としては必ずしも効率的アルゴリズム（具体的な処理手順）を与えるものではない．効率的アルゴリズムについては，たとえば文献 [7, 10, 13, 16] などを参照されたい．

6.5 幾何学的双対

平面的グラフ $G = (V, E)$ の任意の平面描画から，以下のようにして（G の）**幾何学的双対グラフ** (geometric dual) と呼ばれるグラフ $G^* = (V^*, E^*)$ が構成できる．（なお，双対は "そうつい" と読む．）

G の一つの平面描画に対して，その各面 f に対応する新しい点を v_f と表すとき，

$$V^* = \{v_f \mid f \text{ は } G \text{ の平面描画の面}\}$$

とする．G の各辺 e に対して，e をその境界に含むような面は高々 2 つある．e が面 f と g（$f = g$ かもしれない）の境界に含まれるとき，対応する辺を $e^* = \{v_f, v_g\}$ と表し，

$$E^* = \{e^* = \{v_f, v_g\} \mid e \text{ は面 } f \text{ と } g \text{ の境界上にある}\}$$

とする．G の平面描画の各面 f 内部に点 v_f を置き，e と交差するように $e^* = \{v_f, v_g\}$ を平面上に描いてみれば G^* の 1 つの平面描画が得られる．したがって，G^* も平面的である．（$f = g$ なる場合は，たとえば e が橋であるときに生じ，このときには e^* は自己ループとなる．）図 6.20 に例を示す．同図では平面描画とともに，上述のようにして得た幾何学的双対グラフの平面描画を破線で示している．なお，G が連結であれば，$(G^*)^* = G$ であることが知られている（演習問題 設問 5(2) 参照）．また，G の 1 つの平面描画から構成される G^* の平面描画は複数あり得ることは図 6.20 から容易にわかる（無限面 f に対して，v_f に接続する辺の描き方に着目しよう）．

平面的グラフの大きな特徴は，この幾何学的双対グラフが存在することである．以下に示すようないくつかの対応関係が，G 上での問題を G^* での問題に変換して解く際に非常に有用である．たとえば，G のサイクルと G^* のカットセットの間に 1 対 1 の対応があるので，G のサイクルの集合は G^* でのカットセットの集合に変換されるし，G における面の列 $f_1, \ldots, f_k$ は f_i と f_{i+1} $(i = 1, \ldots, k-1)$ の境界が辺を共有するときには，G^* での v_{f_1} と v_{f_k} を結ぶパスに対応する（演習問題 設問 5(3) 参照）．

	G	$\longleftrightarrow$	G^*
(a)	辺 e	$---$	辺 e^*
(b)	面 f	$---$	点 v_f
(c)	点	$---$	面
(d)	サイクル	$---$	カット
(e)	カット	$---$	サイクル

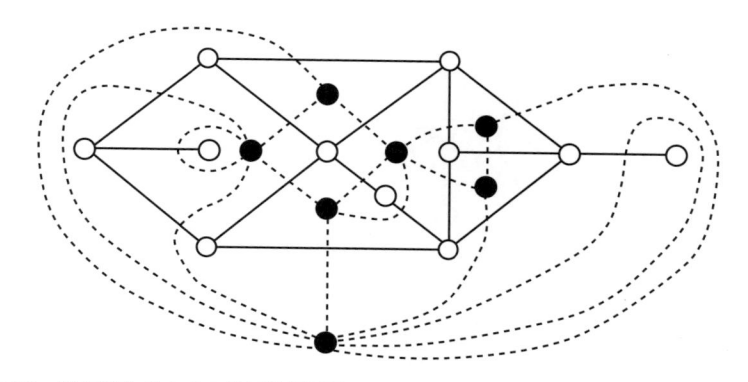

図 6.20 平面描画 G とその幾何学的双対グラフ G^* の例（黒い点と破線の辺で示している）

6.6 外平面的グラフ

すべての点が1つの共通の面の境界上に現れるように描画できる平面的グラフを**外平面的グラフ** (outerplanar graph) という．ここで，「1つの共通の面」を「無限面」としてもよいことは明らかであろう．外平面的グラフは化学反応式などのグラフ表現でしばしば現れる．

単純な外平面的グラフで，非隣接点対をもたない場合か，あるいは非隣接点対が存在するときに，どの非隣接点対間に辺を加えても外平面的グラフではなくなる場合，**極大外平面的グラフ** (maximal outerplanar graph) と呼ぶ．3点以上を含む極大外平面的グラフの平面描画 $G = (V, E)$ の点数 $|V|$，辺数 $|E|$，面数 $|F|$ に関して以下の命題が成り立つ．

定理 6.4 3点以上を含む極大外平面的グラフの平面描画 $G = (V, E)$ の点数 $|V|$，辺数 $|E|$，面数 $|F|$ に関して，以下の (1)〜(6) が成り立つ．

(1) G は連結で，切断点を含まない．
(2) G はハミルトンサイクルをもつ．
(3) 点次数が2である点を2個以上もち，点連結度は2である．
(4) 点次数が3以下の点を3個以上もつ．
(5) $|E| = 2|V| - 3$．
(6) $|F| = |V| - 1$．

（演習問題 設問7参照）

図 6.21 に極大外平面的グラフの例を示す．また，図 6.22 には，外平面的グラフではなく，かつ点数が少ないグラフの例として，K_4 と $K_{2,3}$ を示す．図 6.23 のグラフは外平面的グラフではない．同図の太線で示すように，K_4 が部分グラフとして含まれているからである．木は外平面的グラフであるが，3点以上含む木は極大外平面的グラフではない．

次の定理は，外平面的グラフと平面的グラフの関係を示している．証明は容易であるので省略する（たとえば文献 [2,8] 参照）．

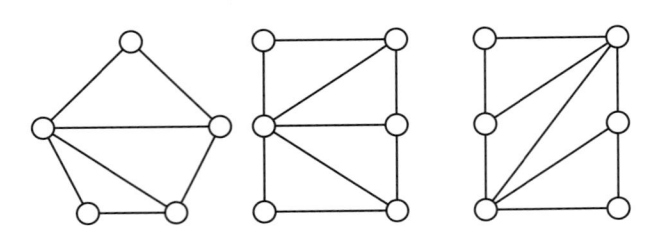

図 **6.21** 極大外平面的グラフの例

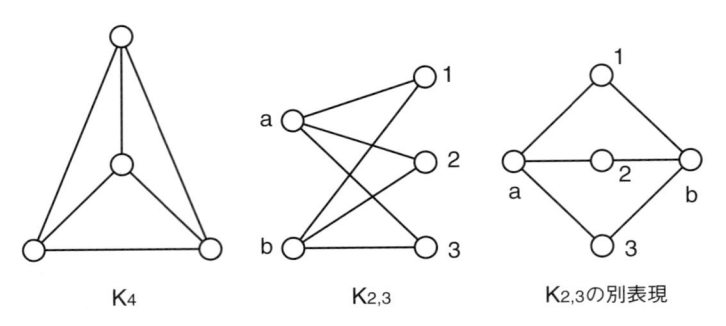

図 **6.22** 外平面的グラフではないグラフの例 (1)

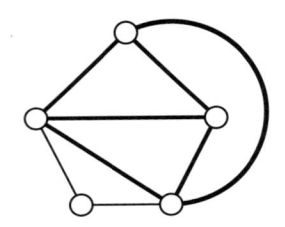

図 **6.23** 外平面的グラフではないグラフの例 (2)

定理 6.5 グラフが外平面的グラフであるための必要十分条件は，G と K_1 の結び $G + K_1$ が平面的であることである．

外平面的グラフの特徴付けとして，クラトウスキーの定理やワグナーの定理に類似した次の2つの定理が知られている．証明はたとえば，文献 [2,8] 参照．

定理 6.6 グラフが外平面的グラフであるための必要十分条件は，G が K_4 あるいは $K_{2,3}$ の細分に位相同形な部分グラフをもたないことである．

定理 6.7 グラフが外平面的グラフであるための必要十分条件は，G が K_4 あるいは $K_{2,3}$ に同形な縮約部分グラフをもたないことである．

6.6 外平面的グラフ

演習問題

設問 1* 命題 6.2 を証明せよ．

設問 2* 命題 6.3 を証明せよ．

設問 3 $|X| = p, |Y| = q\ (p \leq q)$ なる完全2部グラフ $K_{p,q}$ について，どのような $K_{p,q}$ が平面的あるいは非平面的か，p, q の値によって分類せよ．

設問 4 下図に示すグラフ $G = (V, E)$ は**ピーターセングラフ** (Petersen graph) と呼ばれる．次の (1)〜(6) に答えよ．

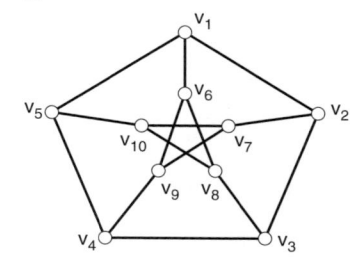

(1) $E_1 = \{\{v_1, v_6\}, \{v_8, v_6\}, \{v_9, v_6\}\}$ として，$G_1 = G - E_1$ を示せ．

(2) $E_2 = \{\{v_2, v_7\}, \{v_5, v_{10}\}\}$ として，$G_2 = G_1\langle E_2\rangle$ を示せ．

(3) $E_3 = \{\{v_i, v_{i+5}\} \mid i = 1, \ldots, 5\}$ として，$G_3 = G\langle E_3\rangle$ を示せ．（ただし，v_1〜v_5 を G_3 の点集合とせよ．）

(4) $E_4 = \{\{v_2, v_5\}\}$ として，$G_4 = G_3 - E_4$ を示せ．

(5) G_1 が $K_{3,3}$ に位相同形なグラフを部分グラフとして含むことを示せ．

(6) G が $K_{3,3}$ に位相同形なグラフを部分グラフとして含むことを示せ．

注意 6.4 上記 (1)〜(4) で構成されたグラフ G_1〜G_4 のように，あるグラフ G から辺の開放除去あるいは辺の縮約を反復して構成されるグラフ（G も含める）を G の**マイナー** (minor) ということもある．

設問 5 下図に示す3つの平面描画 $G_i\ (i = 1, 2, 3)$ の各々に対し，以下の (1), (2) に答えよ．

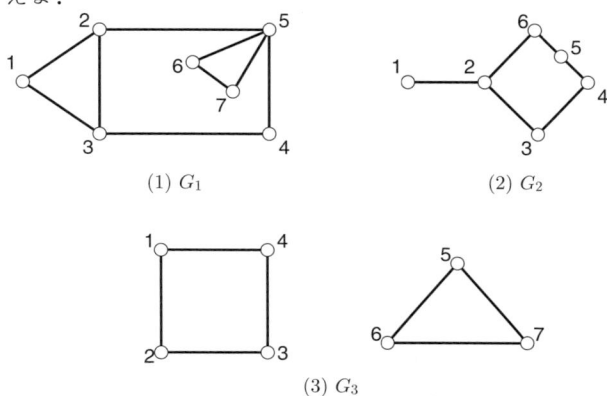

(1) G_1 (2) G_2

(3) G_3

(1) G_i の幾何学的双対 G_i^* を1つずつ図示せよ．
(2) 上記で求めた各 G_i^* から，逆に G_i を復元することを試みて，得られたグラフを図示せよ．
(3) 下図に示す平面描画 G_4 とその幾何学的双対 G_4^* の間で，一方のカットセットが他方のサイクルに対応することを具体例で示せ．

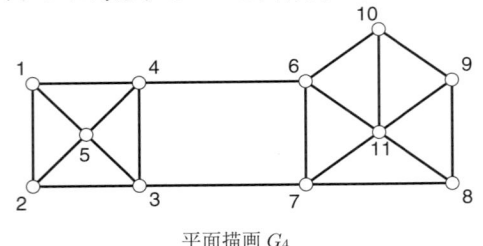

平面描画 G_4

注意 6.5 G が連結の場合には G^* から G が復元される．一方，G が非連結の場合には，必ずしも G^* から G が復元されるとは限らない．

設問 6 点数 $|V| \leq 7$ なる極大外平面的グラフの平面描画をすべて示せ．また $3 \leq |V| \leq 7$ の各々に対して定理 6.4 の (1)〜(6) が成り立つことを確かめよ．

設問 7* 定理 6.4 を証明せよ．

設問 8 外平面的グラフ G が長さ3のサイクルをもたないとき，次式を証明せよ．

$$|E| \leq (3/2)|V| - 2$$

設問 9* グラフ $G = (V, E)$ を平面上に描画した場合，2本の辺が端点以外で交差するとき，この2本の交差数を1回と数える．交差数総和はグラフの描画に依存するが，G の描画の中で交差数総和の最小値をグラフ G の **交差数** (crossing number) といい，$cr(G)$ と表すことにする．たとえば，下図に示す K_5 の描画で，(1) では交差数総和は5であるが，(2) では交差数総和は1である．K_5 は非平面的グラフであるから，交差数総和は1以上であるので，$cr(K_5) = 1$ となる．（G が平面的であれば $cr(G) = 0$ である．）以下を証明せよ．

$p \geq 5$ ならば，$cr(K_p) \geq (1/2)(p-3)(p-4)$．

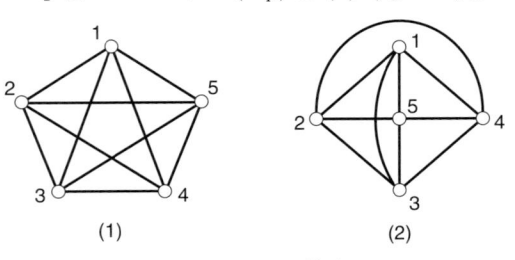

K_5 の2つの描画

設問10 次の (1)～(4) に示す最小の交差数をもつグラフ描画を示せ．

(1) $cr(K_6) = 3$.
(2) $cr(K_{3,3}) = 1$.
(3) $cr(K_{4,3}) = 2$.
(4) $cr(K_{4,4}) = 4$.

注意 6.6 比較的サイズの小さい $K_p, K_{p,q}$ の交差数については次のことが知られている．

(i) $1 \leq p \leq 10$ について（文献 [2, 8, 11]）
$$cr(K_p) = (1/4)\lfloor p/2 \rfloor \lfloor (p-1)/2 \rfloor \lfloor (p-2)/2 \rfloor \lfloor (p-3)/2 \rfloor.$$

(ii) $1 \leq \min\{p,q\} \leq 6$ のとき（文献 [2, 8, 14]）
$$cr(K_{p,q}) = \lfloor p/2 \rfloor \lfloor (p-1)/2 \rfloor \lfloor q/2 \rfloor \lfloor (q-1)/2 \rfloor.$$

設問11 下図に示すピーターセングラフ $G = (V, E)$ に対して，次の (1), (2) に答えよ．

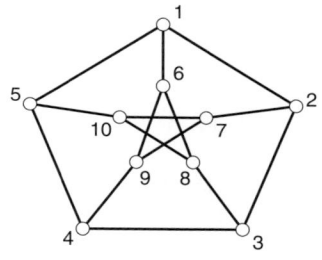

ピーターセングラフ

(1) G の任意の 1 本の辺 e を開放除去したグラフ $G - e = (V, E - \{e\})$ は非平面的であることを示せ．
(2) $cr(G) = 2$ であることを示せ．

設問12 グラフ $G = (V, E)$ を，互いに辺素な全域平面的グラフで，その辺の和集合が E に等しいような部分グラフの族に分解する際の全域平面的グラフの最小個数を G の**厚さ** (thickness) といい，$t(G)$ と表す．G が平面的であれば $t(G) = 1$ であり，非平面的であれば $t(G) \geq 2$ である．下図には，$t(K_4) = 1$ および $t(K_5) = 2$ を示している．次の (1)～(3) に答えよ．

(1)* $p \geq 3$ なる整数 p に対して，以下を証明せよ：
$$t(K_p) \geq \lfloor (p+7)/6 \rfloor.$$

(2) $6 \leq p \leq 8$ なる各整数 p に対して，以下が成り立つことを確認せよ．
$$t(K_p) = \lfloor (p+7)/6 \rfloor.$$

(1) K₄

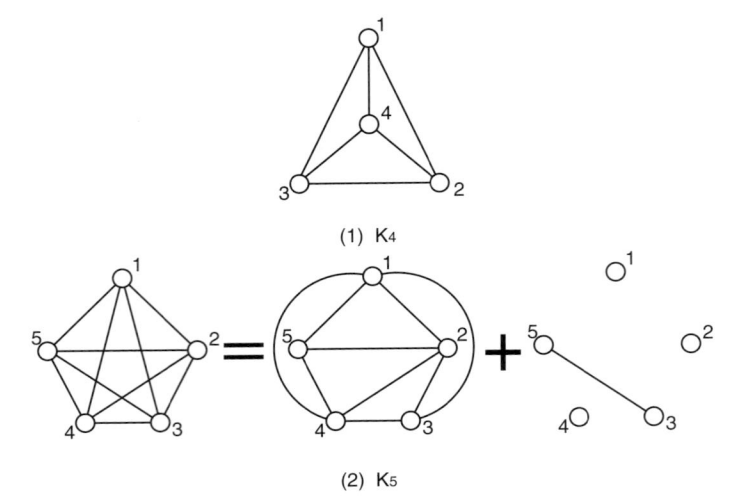

(2) K₅

$t(K_4) = 1$ および $t(K_5) = 2$ を示す分解例（K_4 は平面的であるので $t(K_4) = 1$. また K_5 は非平面的であるので $t(K_5) \geq 2$ であるが，(2) に示すように 2 つの全域平面的グラフに分解できる．）

(3) $t(K_9) = 3$ を確認せよ．

注意 6.7 グラフ K_p については，

$$t(K_p) = \begin{cases} \lfloor (p+7)/6 \rfloor & p \geq 1 \text{ (ただし，} p \neq 9 \text{ かつ } p \neq 10) \\ 3 & p = 9 \text{ または } p = 10 \text{ のとき} \end{cases}$$

が知られている [1, 2, 4, 5, 8, 12].

注意 6.8 完全 2 部グラフ $K_{p,q}$ については次の (i)〜(iv) が知られている [3, 6, 12, 17, 19].

(i) p が偶数で $q > (p-2)^2/2$ ならば，$t(K_{p,q}) = p/2$.

(ii) p が奇数で $q > (p-1)(p-2)$ ならば，$t(K_{p,q}) = (p+1)/2$.

(iii) 以下の (a) と (b) の 2 条件が成り立つ場合を除いた場合において，

$$t(K_{p,q}) = \lceil pq/\{2(p+q-2)\} \rceil.$$

（適用が除外される条件）

(a) $2 \leq p < q$，かつ p と q がともに奇数である．

(b) $q = \lfloor 2k(p-2)/(p-2k) \rfloor$ なる k が存在する．

(iv) $t(K_{p,p}) = \lfloor (p+5)/4 \rfloor$ ((iii) の系として成り立つ)

演習問題のヒント

設問 1 のヒント

(3) $|V| \geq 4$ ならば任意の点次数が 3 以上であること．G の最小点次数 d_{min} について，$d_{min} \leq 2$ と仮定すると矛盾が生じることを示す．

設問 2 のヒント

（証明）$|V| = p$, $|E| = q$, 最大点次数 $d_{max} = k$, 次数 i の点の総数を n_i と表す．$d_{max} \leq |V| - 1$ であるから，$p \leq 6$ ならば命題 (1), (2) が成り立つので，$p \geq 7$ とする．$V = \{v_1, v_2, \ldots, v_p\}$ とする．

(1) について．最小点次数 $d_{min} \geq 6$ と仮定し，$\sum_{i=1}^{p} d_G(v_i)$ を計算して矛盾を示す．

(2) について．証明は (1) の証明をより詳細にする．$k \geq 6$ を考えればよいが，さらに「G を $|V| \geq 7$ かつ $k = d_{max} \geq 6$ なる連結な極大平面的グラフ」について (2) が成り立つことを示せばよい．命題 6.2 より，$d_{min} \geq 3$ である．極大性を考慮して，$\sum_{i=1}^{k} i \cdot n_i$ と $\sum_{i=3}^{k} n_i$ を計算すると

$$3n_3 + 2n_4 + n_5 = n_7 + 2n_8 + \cdots + (k-6)n_k + 12$$

となる．ここで $n_3 + n_4 + n_5 \leq 3$ と仮定し，矛盾が生じることを示す．

設問 7 のヒント

$3 \leq |V| \leq 7$ では (1) から (6) が成り立つので，$|V| \geq 8$ とする．

（注）下図に $|V| = 7$ なる極大外平面的グラフの平面描画（同形なグラフは除外している）を示す．ここで $|E| = 11 = 2|V| - 3$, $|F| = 6 = |V| - 1$ である．

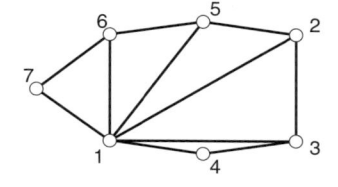

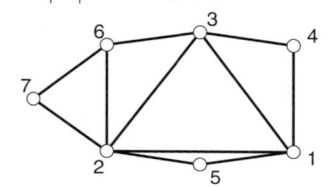

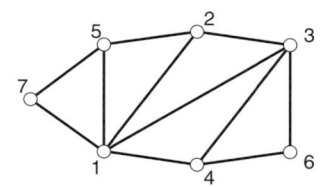

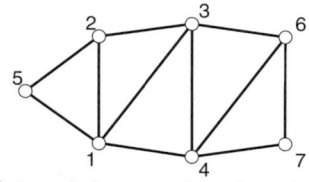

(3) および (4) について．G の平面描画を固定して考える．下図 (1) に示すように，G の無限面分の境界 C 上の異なる 2 点 u, v を結ぶ辺 $\{u, v\}$ をコード (chord) と呼ぶことにする．C 上を反時計回りに回って決まる $u - v$ パスを

$$P : u = v_0 - v_1 - v_2 - \cdots - v_{k-2} - v_{k-1} - v_k = v \quad (k \geq 2)$$

とする．G は単純グラフであるから，$k \geq 2$ である．同じく C 上を v から u に向かって反時

計回りに回って決まる $v-u$ パスを Q と表す．Q の長さも 2 以上である．P 上の異なる 2 点を結ぶコードが $\{u,v\}$ 以外に存在しないとき，コード $\{u,v\}$ を**クリティカルコード** (critical chord)，P を**クリティカルパス** (critical path) と呼ぶことにする．$\{u,v\}$, $\{u'v'\}$ を異なるコードとする．$u' \in V(P) - \{u,v\}$ かつ $v' \in V(Q) - \{u,v\}$ であるとき，これらは「交差する」という．外平面的グラフでは異なるコードは交差しない（もし交差すれば一方が C の内側，他方が C の外側に存在するが，これは外平面的であることに矛盾する.）

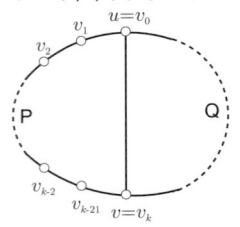

(1) G の無限面分の境界 C とコード $\{u,v\}$．

したがって，$\{u,v\}$ がクリティカルコードならば $d_G(v_i) = 2$ $(1 \leq i \leq k-1)$ である．よって $d_G(v_1) = 2$ である．$|V| \geq 8$ であるので，極大性よりコードは 2 本以上存在する．したがって，クリティカルコードも 2 本以上存在する．下図 (2) に示すようにそれぞれのクリティカルパス上に次数 2 の点 w, w' が存在する．これらに基づいて，G のクリティカルコード $\{u,v\}$ と点 u を共有するコード $\{u,x\}$ について考えてゆけばよい．

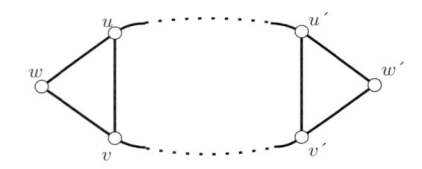

(2) G における 2 つのコード $\{u,v\}$ と $\{u',v'\}$，および次数 2 の点 w, w'．

以下の (a)〜(d) なる場合がある．

(a) x が v, v'-パス上で v に隣接する場合 $(d_G(v) = 3)$（下図参照）．

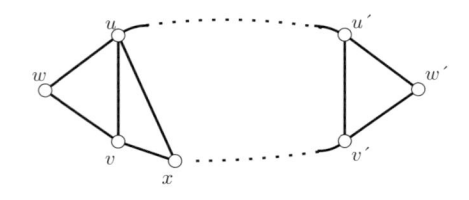

(b) x が v, v'-パス上にあり，x, v-パスの長さが 2 以上で v を端点とするコードが $\{u,v\}$ のみのとき $(d_G(v) = 3)$．
(c) x が v, v'-パス上にあり，x, v-パスの長さが 2 以上で，v を端点とするコード $\{v, x'\}$ $(x' \neq x)$ が存在するとき $(v, x'$-パス上に $d_G(y) = 2$ なる点 y が存在).
(d) x が u, u'-パス上に存在するとき $(u, x$-パス上に $d_G(y) = 2$ なる点 y が存在).

設問 8 のヒント

$G = (V,E)$ は長さ 3 のサイクルをもたない外平面的グラフの平面描画とする．$|V| \geq 3$ として，$G' = (V',E')$ を $V' = V$ かつ $E \subseteq E'$ なる極大外平面的グラフの平面描画とする．定理 6.4(5) より $|E'| = 2|V'| - 3 = 2|V| - 3$ である．G' の無限面以外の面の境界はすべて長さが 3 のサイクル (3 角形) である．G' から $E' - E$ の辺を除去して G を構成することができるが，1 本の辺除去で壊すことができる 3 角形は最大 2 つである．このことと，定理 6.4(6) を用いる．

設問 9 のヒント

$p \geq 5$ なので，$K_p = (V_p, E_p)$ に対しては $cr(K_p) \geq 1$ である．いま，交差数総和が $cr(K_p)$ に等しい任意の描画に着目する．この描画において，下図に示すようなグラフ変形を行って構成されるグラフを考える．

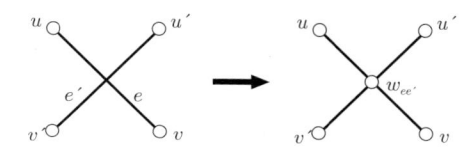

2 辺 $e = \{u,v\}, e' = \{u',v'\}$ の交差に対する点 $w_{ee'}$ の追加と 4 辺
$\{u, w_{ee'}\}, \{w_{ee'}, v\}, \{u', w_{ee'}\}, \{w_{ee'}, v'\}$ への置換え

設問 11 のヒント

(1) $V_{out} = \{1,2,3,4,5\}, V_{in} = \{6,7,8,9,10\}$ と表すとき，任意の辺 $e = \{u,v\}$ としては，一般性を失うことなく次の 3 種類を考えればよい：

(i) $u,v \in V_{out}$; (ii) $u,v \in V_{in}$; (iii) $u \in V_{out}, v \in V_{in}$.

設問 12 のヒント

(1) $k = t(G)$ とし，$K_p = (V_p, E_p)$ が $G_i = (V_i, E_i)$ $(i = 1,\ldots,k)$ なる全域平面的グラフに分解されているとすると，G_i が連結，非連結いずれにしても，$|E_i| \leq 3|V_i| - 6 \leq 3p - 6$ より，$t(G) \geq \lceil q/(3p-6) \rceil$ が成り立つ．ここで $q > 0$ かつ $3p - 6 \geq 3$ より，第 1 章の演習問題設問 1 の等式を用いる．

参考文献

[1] V. B. Alekseev and V. S. Gonchakov, "Thickness of arbitrary complete graphs," Mat. Sbornik, 101(143), pp. 212-230 (1976).

[2] M. Behzad, G. Chartrand and L. Lesniak-Foster, "Graphs and Digraphs," Prindle, Weber & Schmidt (1979).（邦訳）秋山，西関，「グラフとダイグラフの理論」，共立出版 (1981).

[3] L. W. Beineke, F. Harary and J. W. Moon, "On the thickness of the complete

bipartite graph," Proc. Cambridge Philos. Soc., 60, pp. 1-6 (1964).

[4] L. W. Beineke and F. Harary, "The thickness of the complete graph," Canad. J. Math., Vol. 17, pp. 850-859 (1965).

[5] L. W. Beineke, "The decomposition of complete graphs into planar subgraphs," Graph Theory and Theoretical Physics (F. Harary, Ed.), pp. 139-159, Academic Press, London, UK (1967).

[6] L. W. Beineke, "Complete bipartite graphs: decompositon into planar subgraphs," A Seminar in Graph Theory (F. Harary, Ed.) Holt, Reinehart and Winston, NY, USA (1967).

[7] K. S. Booth and G. S. Lueker, "Testing for the consecutive ones property, interval graphs, and graph planarity using PQ-tree algorithms," J. Comput. Syst. Sci. , Vol. 13, pp. 335-379 (1976).

[8] G. Chartrand and L. Lesniak, "Graphs and Digraphs, 2nd Ed.," Wadsworth & Brooks/Cole (1986).

[9] L. Euler, "Solutio problematis ad geometriam situs pertinentis," Comment. Academiae Sci. U. Petropolitanae 8, pp. 128-140 (1736).

[10] S. Even, "Graph Algorithms," Computer Science Press, MD, USA (1979).

[11] R. K. Guy, "Crossing number of graphs," Graph Theory and Applications, Lecture Notes in Mathematics, Vol. 303, pp. 111-124, Springer Berlin, Heidelberg (1972).

[12] F. Harary, "Graph Theory," Addison-Wesley, MA, USA (1969).（邦訳）池田,「グラフ理論」, 共立出版 (1971).

[13] J. E. Hopcroft and R. E. Tarjan, "Efficient planarity testing," J. Assoc. Comput. Mach., Vol. 21, pp. 549-568 (1974).

[14] D. J. Kleitman, "The crossing number of $K_{5,n}$," J. Combinatorial Theory, Vol. 9, pp. 315-323 (1970).

[15] C. Kuratowski, "Sur le probléme des courbes gauches en topologie," Fund. Math., Vol. 15, pp. 271-283 (1930).

[16] T. Nishizeki and N. Chiba, "Planar Graphs: Theory and Algorithms," Annals of Discrete Mathematics (32), North-Holland, Netherland (1988).

[17] 尾崎, 白川,「グラフとネットワークの理論」, コロナ社 (1973).

[18] K. Wagner, "Über eine Eigenschaft der ebenen Komplexe," Math. Ann. 114, pp. 570-590 (1937).

[19] R. J. Wilson, "Introduction of Graph Theory, 4th Ed.," Pearson Education Limited, England, UK (1996).（邦訳）西関（隆）, 西関（裕）,「グラフ理論入門」, 近代科学社 (2001).

第7章
グラフの彩色問題

□ 学習のポイント

本章では，ループをもたないグラフにおける彩色問題を対象として，その関連の諸定義を与えた後，彩色アルゴリズムおよび彩色問題の応用を取り上げる．彩色問題は，グラフの各点または各辺に，その隣接する点（辺）同士が同色とならないように，1つの色を割り当てる問題である．その際，必要な色数を最小とすることが求められる．彩色問題は，通信ネットワークのチャネル割当やスケジューリング生成，集積回路の配線配置などへの応用が知られている重要な問題である．

- グラフの点彩色問題および辺彩色問題について理解する．
- 様々なグラフの染色数を理解する．
- 染色多項式の導き方を理解する．
- グラフの彩色アルゴリズムについての理解を深め，応用問題での利用を可能とする．

□ キーワード

点彩色問題，辺彩色問題，染色数，4色問題，染色多項式，彩色アルゴリズム

7.1 点彩色問題

グラフ $G = (V, E)$ の各点 $v(v \in V)$ に，隣接する点同士が同じ色とならないように，1つの色を割り当てる，**点彩色** (vertex coloring) 問題を考える．色とは，整数値など，互いに異なる量をもつものである．このとき，k 色を用いて彩色可能なとき，グラフ G は k **彩色可能**と呼ばれる．一般に，グラフ G のすべての点を異なる色を用いて彩色可能なことから，任意のグラフは $|V|$ 彩色可能である．グラフ G が k 彩色可能であるが，$(k-1)$ 彩色可能でないとき，グラフ G は k **染色的**と呼ばれる．このときの k は，グラフ G を点彩色する場合の色数の最小値であり，**染色数** (chromatic number) $\chi(G)$ と呼ばれる．図 7.1 に，点彩色の例を示す．

任意のグラフ G に対して，その染色数，あるいは，染色数での点彩色を求める問題は，**NP困難** (NP-hard) のクラスに属しており，多項式時間で厳密な解を求めるアルゴリズムは知られていない [1]．そのため，様々な近似アルゴリズムが研究されている．その中で実用的なアルゴリズムを，7.4 節で紹介する．

点数を $n(= |V|)$ とするグラフ $G = (V, E)$ に対して，以下の定理が成立する．ここで，奇サ

$\chi(G) = 4$
$dmax(G) = 4$
(a) グラフ G

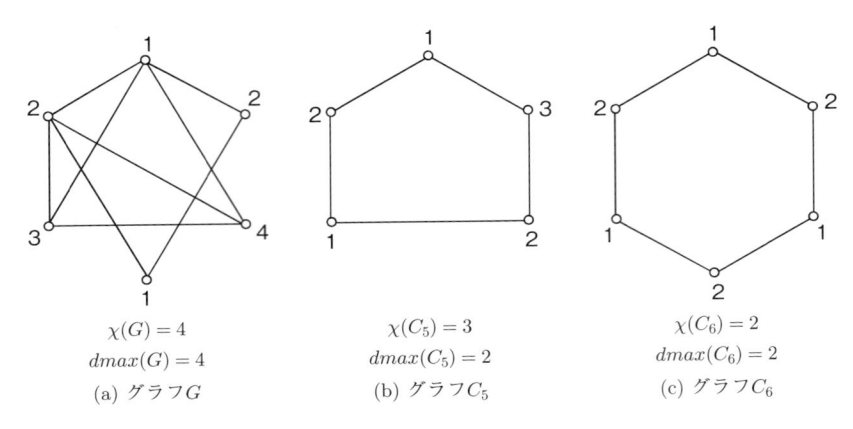

$\chi(C_5) = 3$
$dmax(C_5) = 2$
(b) グラフ C_5

$\chi(C_6) = 2$
$dmax(C_6) = 2$
(c) グラフ C_6

図 **7.1** グラフの点彩色の例

イクルとは，点の数が奇数となるサイクルを意味する．また，点の数が偶数となるサイクルを偶サイクルと呼ぶ．

定理 7.1 （点彩色の諸定理）

(1) $\chi(G) \leq n$．
(2) グラフ G が H を部分グラフとして含む場合，$\chi(G) \geq \chi(H)$．
(3) グラフ G が**完全グラフ** (complete graph) K_n の場合，$\chi(G) = n$．
(4) グラフ G が完全グラフ K_n を部分グラフとして含む場合，$\chi(G) \geq n$．
(5) グラフ G が**空グラフ** N_n であることと，$\chi(G) = 1$ は同値．
(6) グラフ G が空グラフでない **2 部グラフ**であることと，$\chi(G) = 2$ は同値．
(7) グラフ G が奇サイクルを含むことと，$\chi(G) \geq 3$ は同値．

（証明）

(1) 〜 (4) 自明であるため，省略する．
(5) グラフ G が空グラフなら，辺が存在しないため，すべての点を同じ色で彩色できる（$\chi(G) = 1$)．逆に，グラフ G は，1 つでも辺があればその両端点に異なる色が必要となるため，$\chi(G) = 1$ となるには，辺の存在しない空グラフであることが必要である．
(6) グラフ G が空グラフでない 2 部グラフなら，V を隣接しない点同士で構成される，2 つの部分集合に分けることができる．この 2 つの点集合の各点は，互いに隣接しないため，それぞれ同じ色で彩色でき，また，それらの色は異なる色とする必要があるため，$\chi(G) = 2$ となる．逆に，$\chi(G) = 2$ なら，G のすべての点は，同じ色で彩色された点で構成される，2 つの点集合に分割できる．そして，同じ集合内では辺で隣接せず，異なる集合間のみ辺で隣接することから，空グラフでない 2 部グラフとなる．
(7) グラフ G が奇サイクルを含むなら，奇サイクルの点彩色に 3 色を必要とするため，(2) と併せて $\chi(G) \geq 3$ となる．逆に，$\chi(G) \geq 3$ なら，G は 2 部グラフではないため，奇サイクルを含む．ここで，以下の定理より，グラフ G が 2 部グラフであることと奇サイクルを

含まないことが同値である．

（証明終り）

定理 7.2 グラフ $G = (V, E)$ が 2 部グラフであることと，G が奇サイクルを含まないことは同値である．

（証明）
→
グラフ G を 2 つの点集合 X と Y（任意の辺は X の点と Y の点を結ぶ）で構成される 2 部グラフとした場合，その任意のサイクルは，X の点と Y の点を交互に訪問することから偶サイクルとなる．
←
一般性を失うことなく，グラフ G は連結であるとする．まず，G が木の場合，その任意の葉を X に分割した後，その隣接点を Y，そのすべての隣接点を X，またそのすべての隣接点を Y，といった分割を，すべての点が分割されるまで継続することで，各辺の両端点を X と Y に分割することが可能である．次に，G がサイクルを含む場合，それが偶サイクルであることから，その 1 つのサイクル C 上の点を交互に X と Y に分割可能である．次に，C 上の点を含む，C 以外の任意のサイクルは偶サイクルであることから，C での分割に矛盾無く，X と Y に分割することができる．同様に，C 上の点から始まるパスは，C での分割に矛盾無く，X と Y に分割することができる．これを繰り返すことで，G の各辺の両端点を X と Y に分割することが可能である．

（証明終り）

グラフ $G = (V, E)$ の染色数 $\chi(G)$ の上限について，様々な定理が与えられている．そのいくつかを以下に示す．

定理 7.3 任意の単純連結グラフ $G = (V, E)$ に対して，$d_{max}(G)$ をその最大次数とした場合，$\chi(G) \leq d_{max}(G) + 1$ が成立する．

（証明） グラフ $G = (V, E)$ の点数 $|V|$ に関する数学的帰納法で証明する．

(1) $|V| = 1$ の場合，辺をもたないため，$\chi(G) = 1$, $d_{max}(G) = 0$ となることから，成立する．
(2) グラフ G において，v を次数 $d_{max}(G)$ の点とし，グラフ $G - \{v\}$（点数 $|V| - 1$）で，本定理が成立すると仮定する．このとき，$G - \{v\}$ の最大次数は $d_{max}(G)$ 以下となることから，$d_{max}(G) + 1$ 色での点彩色が可能である．$G - \{v\}$ にその点彩色を行った上で，G の $d_{max}(G) + 1$ 色での点彩色を考える．v の次数は $d_{max}(G)$ であるため，その $d_{max}(G)$ 個の隣接点以外の色での彩色が可能となる．以上より，グラフ G（点数 $|V|$）において，$d_{max}(G) + 1$ 色での点彩色が可能である．

（証明終り）

$\chi(G) = d_{max}(G) + 1$ となる点数 $|V|$ の単純連結グラフとして，完全グラフ K_n, 奇サイクル C_n が挙げられる（図 7.1 参照）．前者では，$d_{max}(K_n) = n - 1$, $\chi(K_n) = n$ である．後

者では，$d_{max}(C_n) = 2$，$\chi(C_n) = 3$ である．以下に，単純連結グラフにおける染色数の上限を与える定理を紹介する．

定理 7.4（染色数の諸定理）

(1) グラフ G が完全グラフでも奇サイクルでもなく，$d_{max}(G) \geq 3$ となる単純連結グラフの場合，$\chi(G) \leq d_{max}(G)$ が成立する．

(2) グラフ G の任意の誘導部分グラフ H の最小次数 $d_{min}(H)$ の最大値を $max\{d_{min}(H)\}$ とした場合，$\chi(G) \leq max\{d_{min}(H)\} + 1$ が成立する．

(3) グラフ G の最長のパスの長さを $m(G)$ とした場合，$\chi(G) \leq m(G) + 1$ が成立する．

単純連結グラフとして，平面的グラフに制限した場合の染色数を考える．まず，平面的グラフでは，染色数が 6 以下となることを示す定理の証明を与えるために，平面的グラフの次数に関する以下の命題を述べる．

命題 7.1 任意の単純平面的グラフ $G = (V, E)$ には，次数が 5 以下の点が存在する．

（証明） $G = (V, E)$ の点数 $|V|$ が 5 以下の場合は自明である．点数 $|V|$ が 6 以上の場合で，すべての点の次数が 6 以上とすると，辺数 $|E|$ は $|E| \geq 3|V|$ を充たす．しかしながら，命題 6.1 より，$|E| \leq 3|V| - 6$ となるため，矛盾する． （証明終り）

次に，本命題を用いて，任意の単純平面的グラフの染色数が 6 以下であることを示す．

定理 7.5 任意の単純平面的グラフ $G = (V, E)$ は，6-彩色可能である．

（証明） グラフ $G = (V, E)$ の点数 $|V|$ に関する数学的帰納法で証明する．

(1) $G = (V, E)$ の点数 $|V|$ が 5 以下の場合，自明である．

(2) $G = (V, E)$ において v を次数 5 の点とし，グラフ $G - \{v\}$（点数 $|V| - 1$）で，本定理が成立すると仮定する．すなわち，グラフ $G - \{v\}$ は 6 色以下で彩色可能とする．このとき，G における点 v の隣接点が 5 個以下であることから，6 色を用いた場合，v には，それらの点の $G - \{v\}$ での彩色とは異なる色での彩色が可能となる．以上より，グラフ G においても 6-彩色可能となる．

（証明終り）

ここで，任意の平面グラフは 4 色を用いて点彩色が可能（4-彩色可能）であることが，コンピュータを用いて，同型とならないすべての平面グラフを列挙することで証明されている．本問題は，**4色問題** (four coloring problem) として広く知られている．

定理 7.6（**4色定理**）任意の平面グラフは，4 彩色可能である．

7.2 辺彩色問題

次に，グラフ $G = (V, E)$ の各辺 ($\in E$) に，点を共有する辺同士が同じ色とならないよう

$\chi'(G) = 4$
$dmax(G) = 4$
(a) グラフ G

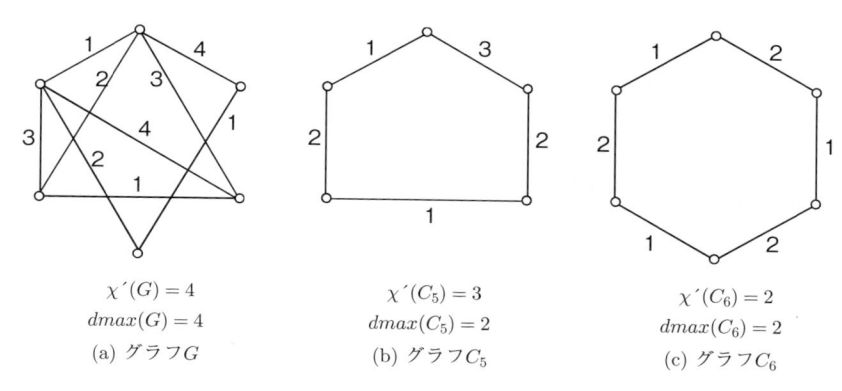

$\chi'(C_5) = 3$
$dmax(C_5) = 2$
(b) グラフ C_5

$\chi'(C_6) = 2$
$dmax(C_6) = 2$
(c) グラフ C_6

図 **7.2** グラフの辺彩色の例

に，1つの色を割り当てる，**辺彩色** (edge coloring) 問題を考える．このとき，k 色を用いて辺彩色可能なとき，グラフ G は k **辺彩色可能**と呼ばれる．グラフ G が k 辺彩色可能であるが，$(k-1)$ 辺彩色可能でないとき，グラフ G は k **辺染色的**と呼ばれる．このときの k は，グラフ G を辺彩色する場合の色数の最小値であり，**辺染色数** (edge chromatic number)$\chi'(G)$ と呼ばれる．図 7.2 に，辺彩色の例を示す．

グラフの辺彩色では，1つの点に接続する辺には互いに異なる色を割り当てる必要がある．そのため，最大次数 $d_{max}(G)$ のグラフでは，その点に接続する辺の彩色に $d_{max}(G)$ 個の色が必要となるため，$\chi'(G) \geq d_{max}(G)$ となる．点数 n の完全グラフ K_n では，この中で等号が成り立つ場合と，不等号が成り立つ場合が存在する．

定理 7.7 （完全グラフの辺染色数）完全グラフ K_n に対して，以下が成立する．

(1) n が奇数の場合，$\chi'(K_n) = d_{max}(K_n) + 1 = n$.
(2) n が偶数の場合，$\chi'(K_n) = d_{max}(K_n) = n - 1$.

（証明）

(1) 完全グラフの点数 n が奇数の場合，まず，各点を，図 7.3 の K_5 の例に示すように，円周上に等間隔に配置し，各辺をその円の内部に 2 点間を結ぶ直線で描くこととする．そこでは，各点に対して，それ以外の点の数が偶数となることから，円周に沿ったパスにおいて，その点からの長さ（辺の数，ホップ数とも呼ばれる）が等しい，$(n-1)/2$ 組の点のペアが存在する．図では，各ペアを結ぶ辺は互いに平行に描かれる．以後のために，これらの辺の集合を平行辺集合と呼ぶこととする．平行辺集合の辺は，互いに隣接しないため，同色で彩色可能である．そのため，点ごとに，その平行辺集合の各辺を異なる色で彩色することで，n 色での辺彩色が可能となる．

(2) 点数 n が偶数の場合，まず，点数 $n-1$ の完全グラフ K_{n-1} を，(1) の方法により，$(n-1)$ 色を用いて辺彩色を行う．このとき，K_{n-1} の各点には，その点の平行辺集合の辺を彩色した色以外の色で彩色された，$n-2$ 本の辺が接続している．ここで，K_n は，K_{n-1} に，

(a) グラフ K_5

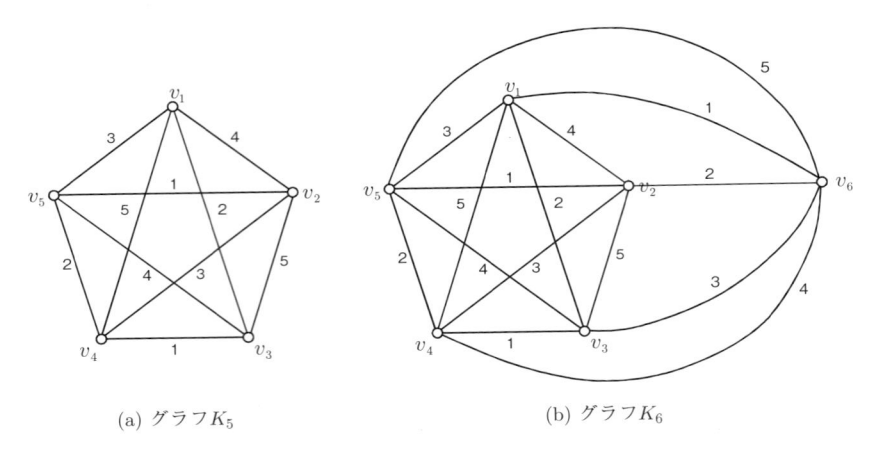

(b) グラフ K_6

図 **7.3** 完全グラフの辺彩色

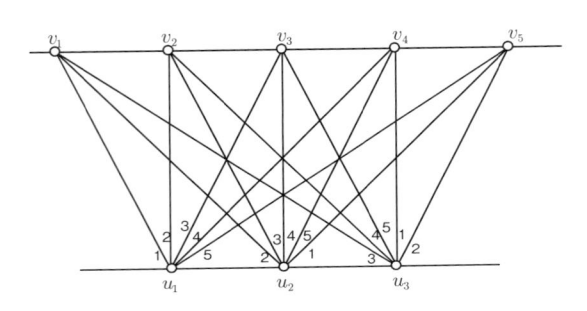

図 **7.4** 完全2部グラフの辺彩色

点1つとその点と K_{n-1} の各点を接続する辺を追加することで得られるが,その追加辺には,K_{n-1} の点の平行辺集合の辺への色で彩色が可能となる.そのため,$n-1$ 色での辺彩色が可能となる.

（証明終り）

定理 7.8（完全2部グラフの辺染色数）完全2部グラフ $K_{m,n}$ に対して,$\chi'(K_{m,n}) = d_{max}(K_{m,n}) = \max(m,n)$ が成立する.ここで,$\max$ は最大の引数を返す関数とする.

（証明） 完全2部グラフ $K_{m,n}$ を構成する2つの点集合を,$V_1 = \{v_1, v_2, \cdots, v_m\}$,$V_2 = \{u_1, u_2, \cdots, u_n\}$ とする.このとき,一般性を失わずに,$m \geq n$ とする.まず,点 u_j に接続する m 個の辺は互いに異なる色での彩色が必要なため,少なくとも m 色が必要である.次に,点 v_i と点 u_j を接続する辺を,色 $((i+j-1) \bmod m)$ で彩色すると,m 色での辺彩色が可能となる.ここで $\bmod m$ は,m に関する剰余を返す関数とする.（図 7.4 参照）

（証明終り）

定理 7.9（単純グラフの辺染色数）空でない任意の単純グラフ G に対して,$d_{max}(G) \leq \chi'(G) \leq d_{max}(G) + 1$ が成立する.

7.3 染色多項式

グラフ G において，k 色を用いた点彩色の場合通り数，すなわち，k 彩色の総数 $P(G,k)$ を求めることを考える．これは，たとえば世界地図において，k 色を用いてその隣接する国同士には異なる色で描いた場合に，何通りの描き方があるかを考えることとなる．ここで，世界地図は平面グラフで表現できるため，4色定理により，最大で4色で彩色可能である．本章で示すように，$P(G,k)$ は k に関する多項式となるため，**染色多項式** (chromatic polynomial) と呼ばれている．

まず，特殊なグラフ G の k 彩色での染色多項式を与える．これらのグラフは，後に示す染色多項式の漸化式を用いて，任意のグラフの染色多項式を求める際の基本となる．

定理 7.10（特殊なグラフの k 彩色での染色多項式）

(1) G が空グラフ N_n の場合，$P(N_n, k) = k^n$．
(2) G が完全グラフ K_n の場合，$P(K_n, k) = k(k-1)(k-2)\cdots(k-n+1)$．
(3) G が点数 n の木 T の場合，$P(T, k) = k(k-1)^{n-1}$．

（証明）

(1) N_n の各点に彩色可能な色数は k であり，それぞれ，独立に彩色可能となることから，染色多項式は k^n となる．
(2) K_n の各点に，順に彩色することを考える．1番目の点に彩色可能な色数は k である．2番目の点に彩色可能な色数は，1番目の点の色と異なる $k-1$ となる．3番目の点に彩色可能な色数は，1番目の点の色および2番目の点の色と異なる $k-2$ となる．これより，染色多項式は $k(k-1)(k-2)\cdots(k-n+1)$ となる．
(3) T の次数1の点から始めて，その各点に，順に彩色することを考える．1番目の点に彩色可能な色数は k である．2番目以降の点に彩色可能な色数は，その1つ前の点の色と異なる $k-1$ となる．これより，染色多項式は $k(k-1)^{n-1}$ となる．

（証明終り）

次に，任意のグラフ G における k 彩色の染色多項式 $P(G, k)$ の算出に重要な漸化式を与える．この漸化式では，グラフ G に対して，**開放除去**（または除去）(deletion) と **短絡除去**（または縮約）(contraction) を繰り返すことで，定理 7.10 のいずれかのグラフの集合に変形し，各グラフの染色多項式を求めることで，元のグラフ G の染色多項式を求める．グラフ G からその1つの辺 $e = \{u, v\}$ を削除し，グラフ $G - e$ を生成することを開放除去と呼ぶ．グラフ $G - e$ において，2点 u, v を1つの点に同一化し，多重辺やループとなった辺を取り除いて，グラフ $G <e>$ を生成することを短絡除去と呼ぶ．後者において，多重辺，ループを取り除くのは，彩色問題では，2点間の隣接関係のみが必要となるためである．図7.5にその例を示す．

定理 7.11（染色多項式の漸化式）グラフ G の k 彩色の染色多項式 $P(G, k)$ において，任意

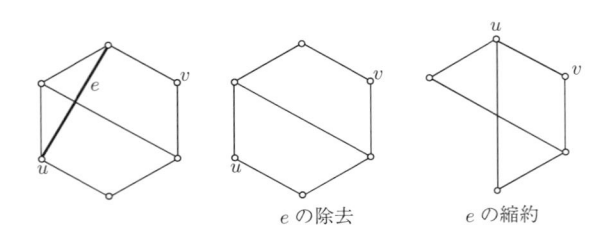

図 7.5 グラフの開放除去と短絡除去

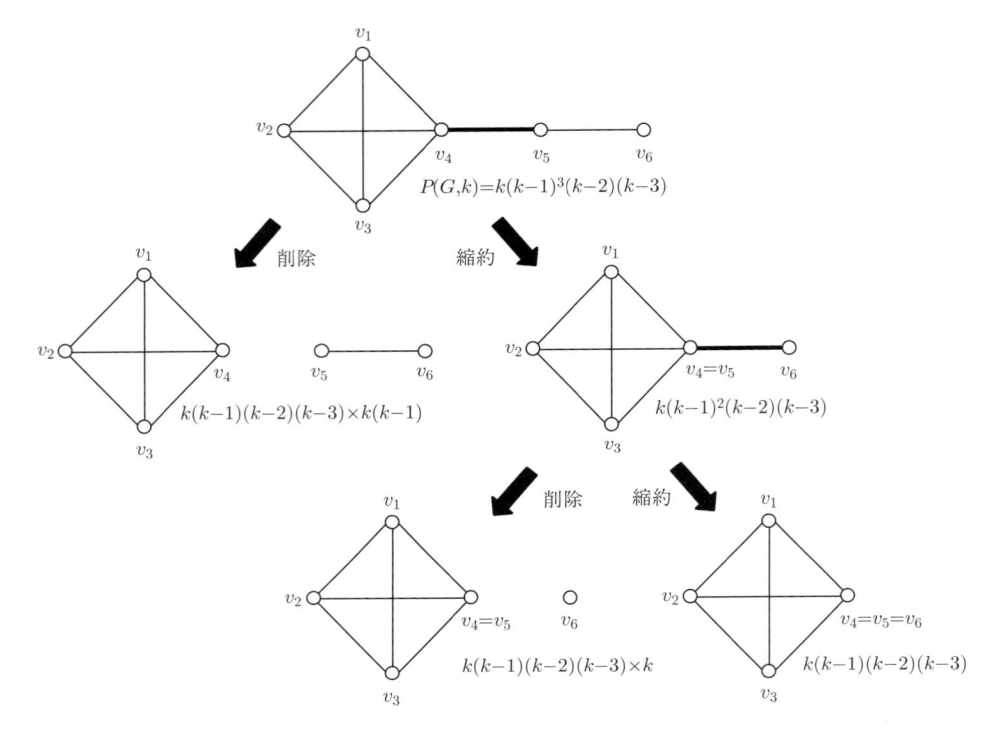

図 7.6 染色多項式の適用による k 彩色の総数の算出

の辺 e に対して，$P(G,k) = P(G-e,k) - P(G<e>,k)$ が成立する．

（証明）　グラフ $G-e$ の k 彩色の染色多項式 $P(G-e,k)$ を考える．辺 e の両端点が異なる色に彩色される場合の総数は，それに辺 e を追加したグラフ G の染色多項式 $P(G,k)$ に等しい．同じ色に彩色される場合の総数は，辺 e の両端点を同一化したグラフ $G<e>$ の染色多項式 $P(G/e,k)$ に等しい．これより，$P(G-e,k) = P(G,k) + P(G<e>,k)$ が得られる．そして，$P(G<e>,k)$ を左辺に移項することで，$P(G,k) = P(G-e,k) - P(G<e>,k)$ が得られる．　　　　　　　　　　　　　　　　　　　　　　　　　　　　　　　　（証明終り）

図 7.6 に，漸化式の適用によるグラフ G の k 彩色の染色多項式の算出例を示す．

定理 7.12 （**染色多項式**）点数 n の任意のグラフ G の染色多項式 $P(G,k)$ は，色数 k に関する n 次多項式である．

（証明）点数 n のグラフ G において，辺数 q に関する数学的帰納法で証明する．まず，$q = 0$ のとき，$G = N_n$ となるため，$P(G, k) = k^n$ である．次に，辺数 $q - 1$ で成立すると仮定すると，$P(G - e, k)$ は $G - e$ は点数 n，辺数 $q - 1$ のため n 次多項式，$P(G/e, k)$ は点数 $n - 1$，辺数 $q - 1$ のため $n - 1$ 次多項式となる．定理 7.13 より $P(G, k) = P(G - e, k) - P(G/e, k)$ が成立するため，$P(G, k)$ は n 次多項式となる． (証明終り)

7.4 彩色アルゴリズム

本節では，貪欲法に基づく点彩色問題へのヒューリスティックアルゴリズムを与える．貪欲法では，グラフの各点を何らかの指標に基づいて一列に並べた後に，その順に彩色可能な最小の色（番号）を割り当てることを基本としている．

まず，**点彩色アルゴリズム 1** では，グラフの各点をその次数の大きい順（降順）に，点を一列に並べる．これは，次数の大きい点は，その隣接点のために，多くの点が彩色された後に小さな色（番号）で彩色することが困難となるからである．このとき，次数の同じ点が複数存在する場合は，ランダムに順番を決める．そして，その順に，各点に順次，彩色可能な最小の色で彩色する [2]．

点彩色アルゴリズム 1

(1) グラフの各点の次数を求め，その降順にソートする．2 つ以上の点の次数が同じ場合，その中でランダムに順番を決める．
(2) ソート順に，各点に彩色可能な最小の色（番号）を割り当てる．

定理 7.13（点彩色アルゴリズムの解精度）上記の点彩色アルゴリズムは，グラフ G を以下で与えられる k 色で彩色可能である．ここで，n は G の点数，$deg(v_i)$ は i 番目の点の次数である．

$$k = \max_{1 \leq i \leq n} \{\min\{i, \deg(v_i) + 1\}\}.$$

点彩色アルゴリズム 1 の改良として，アルゴリズムの実行中に動的に，彩色する点の順序を変更していく方法がある．この**点彩色アルゴリズム 2** では，現時点でその隣接点が最も多くの異なる色で彩色されている点を選び，彩色可能な最小の色で彩色する [4]．

点彩色アルゴリズム 2

(1) グラフの未彩色の点に対して，その隣接点の異なる色の数を求め，それが最大となる点を選択する．2 つ以上の点が最大となる場合，次数の最大の点を選択する．次数も同点の場合は，ランダムに選択する．
(2) 選ばれた点に彩色可能な最小の色（番号）を割り当てる．

7.5 彩色問題の応用

本節では，グラフ彩色問題の応用について紹介する．ここでは，点彩色問題の応用のみを検討する．

7.5.1 地図の彩色問題

地図の彩色問題を考える．ここでは，外領域を含む地図上の各領域を，領域の境界を明確とするため，その隣接する領域同士が同じ色とならないように，彩色することが求められる．たとえば日本地図を考えた場合，各領域は1つの都道府県および海（外領域）となり，都道府県・海の各領域を，その隣接する領域同士が異なる色となるように彩色する問題となる．

ここで，任意の地図に対して，各領域（面）を点で表し，隣接する領域同士に対応する2点間に辺を設けたグラフ（幾何学的双対グラフ）を考える．その場合，このグラフは平面グラフとなる．そのため，4色定理より，任意の地図は4色で彩色可能である．

また，任意の地図は，その3つ以上の領域が接する場所を点，2点間の隣接領域の境界を辺としたグラフ G の平面描写として表現することができる．この地図 G が2色で彩色可能（2彩色可能）となる必要十分条件を以下に示す．

定理 7.14 （地図の 2 彩色可能条件）地図の各領域が 2 彩色可能であるための必要十分条件は，そのグラフ G がオイラーグラフであることである．

（証明）

→

G の1つの点に接するすべての面を2色で彩色する必要があるため，そのような面の数は偶数，すなわち，偶次数でなければならない．すべての点が偶次数であることからオイラーグラフとなる．

←

オイラーグラフであることから，任意の点に接する面の数は偶数となるため，それらは2色で彩色可能である．そこで任意の点から始めて，その点に接する面に交互に2色で彩色する．これを彩色済みの面に接する点に対して，これまでの彩色結果を変更せずに彩色していけば，地図の2彩色が得られる． （証明終り）

7.5.2 ナンバープレース問題

ナンバープレース問題を考える．本問題の**入力**として，9行9列の正方形のマス目が与えられる．それらは，3行3列のブロックに分けられており（計9ブロック），一部のマス目には1〜9のいずれかの数字が記入されている．本問題の**出力**として，空いているマス目に，縦・横の同じ列，および，同じブロック内に，同じ数字が重複しないように，1〜9のいずれかの数字を記入することが求められる．

ここで，各マス目を点で表し，同じ数字が記入できないマス目同士に辺を与えたグラフ H を

考えると，ナンバープレース問題は，このグラフ H に対する 9 色での彩色問題となる．

7.5.3 電車のプラットフォーム選択問題

彩色問題の工学的応用として，電車のプラットフォーム選択問題を考える．大都市の終着駅では，複数のプラットフォームを利用して，多数の電車が発着を行っている．そこでは，各電車がどのプラットフォームを利用するかの選択が必要となるが，同じ時刻に駅に滞在する電車同士は，同じプラットフォームを選択することができない．そこで，電車を点，同じ時刻に駅に滞在する電車同士に対応する点間に辺を与えたグラフ I を考えると，プラットフォーム選択問題は，このグラフ I に対する彩色問題となる．

ここで，物理的な制約として，グラフ I の彩色数は，駅のプラットフォーム数を超えることができない．そのため，グラフ I の染色数がプラットフォーム数を超える場合には運行可能な解がなく，電車の運行スケジュールの変更やプラットフォームの増設が必要となる．また，実際のプラットフォーム選択に本問題を適用する場合には，駅構内のレール配置上，プラットフォームへの進入，プラットフォームからの退出に関して，様々な制約があることに注意が必要である．

7.5.4 無線メッシュネットワークのリンク動作問題

もう 1 つの工学的な応用として，無線メッシュネットワークのアクセスポイント間リンク動作のスケジューリング問題を紹介する [5]．

無線メッシュネットワークでは，複数のアクセスポイント (Access Point：AP) 間を無線通信で接続することで，柔軟で安価な大規模無線ネットワークの構築を可能とする．AP 間通信リンクの MAC プロトコルに，タイムスロット (Time Slot：TS) 単位で同期的・周期的な動作を行う TDMA (Time Division Multiple Access) 方式を採用することで，通信性能の向上が期待できるが，その際，電波干渉のない各リンクの動作タイミング設定（TS 割当）が不可欠である．

このリンクスケジューリング問題に対して，動作すべき AP 間通信リンクを点，同時に動作した場合に電波干渉の発生する 2 リンク間を辺で表す干渉グラフを考える．そして，各リンクの動作 TS 割当問題をこの干渉グラフの点彩色問題とみなすことで，点彩色問題に帰着可能となる．以下に，リンクスケジューリング問題の定式化を示す．

本問題の入力には，AP 間の接続関係を表す接続グラフ，通信要求を表す **SD ペア**（送信 AP，受信 AP）の経路が与えられる．接続グラフでは，点が AP に，辺が AP 間リンクに対応する．また，SD ペアの経路は，送信 AP から受信 AP に至る AP の集合として表現される．本問題の出力には，干渉リンク同士が同一 TS に割り当てられない，総 TS 数を最小とする，**TDMA サイクル**が求められる．ここでリンク間干渉には，図 7.7 に示す，一次干渉 (primary conflict)，二次干渉 (secondary conflict) を考慮する必要がある．

リンクスケジューリング問題の一例として，図 7.8 に AP 数 6，リンク数 8 の接続グラフ，表 7.1 に SD ペアの経路を示す．図 7.9 に各 SD ペアの経路上の各リンクに与えたラベルを表し，図 7.10 にそのラベル用いて生成した干渉グラフ（細線は一次干渉，太線は二次干渉）を示す．表 7.2 に本例題の解の 1 つを示す．

128 ◆ 第 7 章　グラフの彩色問題

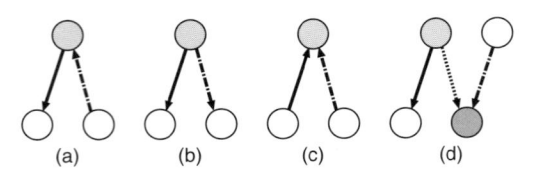

(a)　(b)　(c)　(d)

図 **7.7**　一次干渉と二次干渉

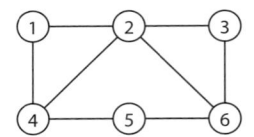

図 **7.8**　6AP 接続グラフ

表 **7.1**　転送要求（SD ペア）とその経路

Pair#	S–D	Path
1	1,6	1,2,6
2	4,6	4,2,3,6
3	4,5	4,5

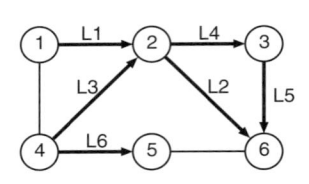

図 **7.9**　リンクのラベル

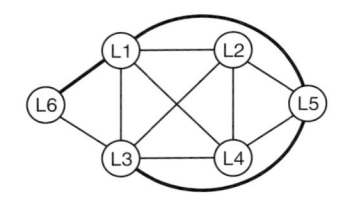

図 **7.10**　干渉グラフ

表 **7.2**　解の一例

Time slot	Link
1	L1
2	L3
3	L5, L6
4	L4
5	L2

演習問題

設問1 次のグラフ G について，以下の各問に答えよ．

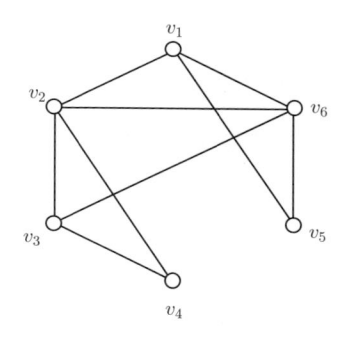

(1) グラフ G の染色数 $\chi(G)$ はいくつか，その理由を付して答えよ．
(2) グラフ G の辺染色数 $\chi'(G)$ はいくつか，その理由を付して答えよ．

設問2 次のグラフ H について，以下の各問に答えよ．

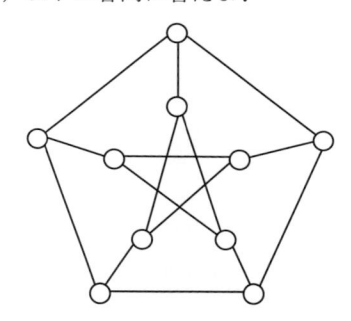

(1) グラフ H の染色数 $\chi(G)$ はいくつか，その理由を付して答えよ．
(2) グラフ H の 4 色での辺彩色を求めよ．

設問3 完全グラフ K_7 の辺染色数での辺彩色を求めよ．

設問4 次のグラフ I について，以下の各問に答えよ．

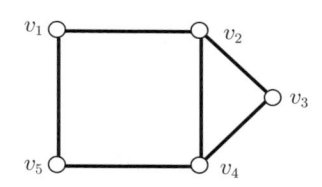

(1) グラフ I に対する辺 $\{v_2, v_4\}$ の開放除去および短絡除去を求めよ．
(2) グラフ I の染色多項式を求めよ．

設問5 n 点のサイクル C_n について，以下の各問に答えよ．

(1) $n=3$ の場合の染色多項式を求めよ．
(2) $n=4$ の場合の染色多項式を求めよ．
(3) 一般に n の場合，染色多項式が $P(C_n, k) = (k-1)^n + (-1)^n(k-1)$ となることを数学的帰納法を用いて証明せよ．

設問 6 染色多項式の各次数の係数の符号が，$+$，$-$，$+$，$-$，… と交互に現れることを，辺数に関する帰納法により，証明せよ．

設問 7 以上のグラフ G, H, I について，以下の各問に答えよ．

(1) 各点の次数を求めよ．
(2) 点彩色アルゴリズム 1 を用いて，点彩色を求めよ．
(3) 点彩色アルゴリズム 2 を用いて，点彩色を求めよ．

設問 8 2 彩色可能な地図の例を示せ．

設問 9 住んでいる県の市町村ごとの地図を彩色せよ．

設問 10 東京駅の JR 東日本新幹線（東北，北海道，山形，秋田，上越，北陸）乗り場におけるプラットフォーム選択問題を考える．以下の各問に答えよ．

(1) 午後 12 時代に，東京駅に滞在する電車をすべて列挙せよ．ここでは，各プラットフォームにおいて，ある時刻に到着した電車がそれ以降の時刻に，発車する場合に，同一の電車が発着したもの（車両の入れ替え無し）とする．
(2) (1) の各電車を点で，同じ時間帯に滞在できない電車間を辺で示したグラフを求めよ．
(3) (2) のグラフを用いて，東京駅の JR 東日本新幹線プラットフォーム数を，現状の 4 からさらに減らすことが可能か否かを判定せよ．
(4) (2) のグラフを用いて，各電車のプラットフォーム選択を，点彩色アルゴリズム 1 を用いて，点彩色を求めよ．
(5) (4) で点彩色アルゴリズム 2 を用いて，点彩色を求めよ．

設問 11 手近にあるナンバープレース問題の例題に対して，点彩色アルゴリズムで解を見つけることを考える．

(1) ナンバープレース問題の例題に対応するグラフを求めよ．
(2) 点彩色アルゴリズム 1 のプログラムを実装して，本例題の解を求めよ．ここで，解が得られない場合，その理由を考察せよ．
(3) 点彩色アルゴリズム 2 のプログラムを実装して，本例題の解を求めよ．ここで，解が得られない場合，その理由を考察せよ．

参考文献

[1] M. R. Garey and D. S. Johnson, "Computers and intractability: A guide to the theory of NP-completeness," Freeman, New York (1979).

[2] D. J. A. Welsh and M. B. Powell, "An upper bound for the chromatic number of a graph and its application to timetabling problems," The Computer Journal, vol. 10, no. 1, pp. 85-86 (1967).

[3] D. S. Johnson, "Approximation algorithms for combinatorial problems," Proceeding STOC '73 Proceedings of the fifth annual ACM Symposium on Theory of Computing (1973).

[4] D. Brèlaz, "New methods to color the vertices of a graph," Communications of the ACM, vol. 22, pp. 251-256 (1979).

[5] 田島滋人，舩曳信生，東野輝夫,「無線ネットワークのリンクスケジューリング問題に対するヒューリスティック解法の提案」, 情報処理学会論文誌, Vol. 45, No. 2, pp. 449-458 (2004).

第8章
ネットワークフロー

□ **学習のポイント**

本章では，重み付き有向グラフにおいて，流すことのできる通信量などの最大値について議論する．通信ネットワークでは，ルータやホストなどのノードとそれらを繋ぐ有線ケーブルや無線リンクの通信路の接続関係をネットワークトポロジーと呼び，グラフにより表現できる．点がノードを表し，辺が通信路を示す．通信の方向を考える場合，辺は有向辺となる．また，各通信路は，遅延時間や通信容量などの特性をもつ．これらの特性は，各辺の重みとして数値を割り当てることにより表現できる．

- 重み付き有向グラフであるネットワークと，各辺に与えられる重みであるフローの概念について理解する．
- カットの概念を理解し，最大フローの値と最小カットの値が等しくなることを定理の証明を通じて理解する．
- 増加パスを利用することにより，最大フローが求まることを理解する．

□ **キーワード**

ネットワーク，フロー，カット，増加パス，最大フロー最小カットの定理

8.1 ネットワークとフロー

8.1.1 ネットワーク

通信ネットワークでは，あるノードから別のノードまでの通信トラヒックの流れを取り扱う必要があり，**ネットワーク** (network) と呼ばれる重み付き有向グラフに基づいて解析が行われる．ネットワークでは，トラヒックの始点，終点を考え，それぞれ**ソース** (source)，**シンク** (sink) とよぶ．ソースにおいてトラヒックが発生し，シンクにおいてトラヒックが消失する．また，ネットワークでは，**容量** (capacity) と呼ばれる重みを考える．容量は，辺から非負整数への関数 c により定義される（実数の容量も考えられるが，本書では簡単化のため整数の場合のみを考える）．すなわち，任意の辺 e に対して，$c(e)$ が e の容量を表す．実際の通信ネットワークでは，容量は各通信路で流すことができる最大のトラヒック量を意味している．

図 8.1 はネットワークの例である．s がソース，t がシンクを示している．各辺には重みとして容量が割り当てられている．

8.1 ネットワークとフロー ◆ 133

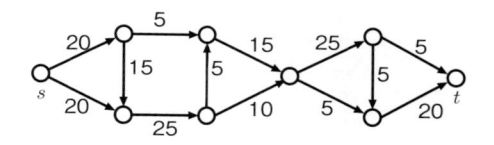

図 8.1 ネットワーク

8.1.2 フロー

ネットワークでは，容量とは別の重みとして**フロー** (flow) を定義する．関数 f を用いて，任意の辺 e に対して，$f(e)$ が e のフローを表す（f は辺から非負整数への関数）．フローは各通信路で実際に流れているトラヒック量を意味している．ソースにおいてフローが発生し各辺を分散して流れ，シンクに辿り着くことになる．ソースで発生したフローを，**総フロー** (total flow)，もしくはネットワークにおける**フローの値** (value of the flow) と呼び，$val(f)$ と表記する．ネットワークにおけるフローの値 $val(f)$ はソースから流出するフローの総和であり，

$$val(f) = \sum_{e \in O(s)} f(e) - \sum_{e \in I(s)} f(e)$$

となる．ここで $O(u) \subseteq E$ は点 u に接続し u が始点となる辺の集合，$I(u) \subseteq E$ は点 u に接続し u が終点となる辺の集合である．この場合，点 u はソース s に対して考えており，$val(f)$ は s から流出するフローの和から，s へ流入するフローの和を引いたものとなる．

各辺のフローについては，以下の条件 (1),(2) を満足する必要がある．

(1) 任意の辺 e に対して，$0 \leq f(e) \leq c(e)$ である．
(2) ソースとシンクを除く任意の点 u に対して，u に流入するフローの和と流出するフローの和が等しい．すなわち，

$$\sum_{e \in I(u)} f(e) = \sum_{e \in O(u)} f(e).$$

条件 (1) は各辺でのフローの値が容量を越えないことを意味し，条件 (2) はソース・シンク以外の各点において，流入したフローが消失せずに流出していくことを意味している．ある辺においてフローが容量と等しいとき（すなわち最大のフローのとき），その辺は**飽和** (saturated) しているといい，そうでない場合，**非飽和** (unsaturated) であるという．

図 8.1 のネットワークに対して，フローを追記したものを図 8.2 に示す．各辺に 2 つの重みを記しており，左が容量，右がフローである．点 u では，2 辺からそれぞれ 5 のフローが流入しており，シンク t へ 10 のフローが流出している．

上記の条件 (2) から途中の点でフローが消失しないため，ソースから流出するフローの総和はシンクへ流入する総和と等しくなる．すなわち以下の定理が成立する．

定理 8.1 ネットワークにおけるソース s とシンク t に対して，

$$\sum_{e \in O(s)} f(e) - \sum_{e \in I(s)} f(e) = \sum_{e \in I(t)} f(e) - \sum_{e \in O(t)} f(e).$$

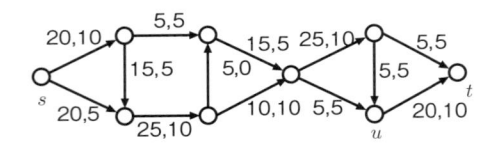

図 8.2 ネットワークにおけるフロー（左の重み:容量，右の重み:フロー）

図 8.2 では，ソース s からのフローの総和とシンク t へのフローの総和が 15 であり，このネットワークのフローの値は 15 となる．

実際の通信ネットワークでは，流すことが可能なトラフィックの最大値を求める必要がある．この問題は，ネットワークにおける $val(f)$ の最大値を求めることになる．$val(f)$ の最大値を**最大フロー** (maximum flow) と呼ぶ．すなわち，最大フローを求める必要があり，この問題について次節で考えていく．

8.2 最大フロー最小カットの定理

8.2.1 カット

最大フローに関連した概念として，カットがある．ネットワーク $G=(V,E)$ において，ソース s，シンク t に対して，$s \in S$ かつ $t \in S_c (=V-S)$ となる点部分集合 $S \subseteq V$ を考える．このとき，ネットワーク G の**カット** (cut) $C=(S,S_c)$ とは，始点 u が $u \in S$ であり終点 v が $v \in S_c$ となる有向辺 uv からなる辺部分集合のことである．このとき，逆に始点 u が $u \in S_c$ であり終点 v が $v \in S$ となる有向辺 uv も存在するが，これはカットには含まれない．あるカットにおいてこのように逆方向に接続する辺の集合を (S_c, S) で記述することとする．定義より (S, S_c) のすべての辺を開放除去すると s から t への連結性が失われることになる．こうして，カット (S, S_c) はカットセットを意味するが，ネットワークにおいてはカットと呼称する．図 8.3 は，ネットワークにおけるカットの例を示している．白丸で表している点は，ソース s も含めて，点部分集合 S に属している．一方，黒丸で表している点は，ソース t も含めて，点部分集合 S_c に属している．カット (S, S_c) は辺 vt と辺 wx からなり，S の点から S_c の点に接続している．辺 xv は逆向きに接続しているため，カット (S, S_c) には属さず，(S_c, S) に属することに注意する．(S, S_c) の辺をすべて除去すると，s から t への有向パスがないことがわかる．

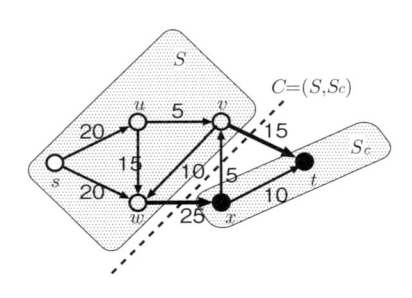

図 8.3 カット

カット $C = (S, S_c)$ に属する辺の容量の総和をそのカットの容量 $c(C)$ と定義する．すなわち，

$$c(C) = \sum_{e \in (S, S_c)} c(e)$$

である．図 8.3 のカットの場合，その容量は $15 + 25 = 40$ となる．ネットワークには複数のカットが存在しうるが，そのうち最小の容量をもつカットを**最小カット** (minimum cut) と呼ぶ．

8.2.2 増加パス

ネットワークに $val(f)$ が流れている状況で，さらにフローを増加できるかどうかを考える．もしフローを増加できない場合，$val(f)$ が最大フローである．

ある値のフローをもつネットワークに対して，以下の 2 条件 (i), (ii) を満たすソース s とシンク t 間の半パスを考える．ここで，半パスとは，通常の有向パスと同様に点と辺の交代列であるが辺の向きが必ずしも順方向に揃っていないものである．

(i) 半パスの順方向の辺については，非飽和である．
(ii) 半パスの逆方向の辺については，フローが 0 でない．

このような半パスでは，(i) の辺では飽和までの余裕（すなわち $c(e) - f(e)$）分フローを増やすことができ，(ii) の辺では逆方向のフローを 0 まで減らすことができる（これは順方向へフローを増やすことを意味する）．こうして，各辺で増やしうるフローの最小値分，半パス上のフローを増加させることができる．増加させたとしてもフローの条件 (1),(2) に反さないことに注意する．このような半パスを**増加パス** (augmenting path) と呼ぶ．

例として，図 8.4 のネットワークとフローを考える．(a) の状態では，ネットワークのフローの値は 15 である．このとき，半パス $s \to w \leftarrow u \to v \to t$ に着目すると，辺 sw, uv, vt は半パスと順方向であり，すべて非飽和である．半パスの残りの辺 uw については，逆方向であり，フローは 0 でない．そして，辺 sw では 10 の，辺 uv では 5 の，辺 vt では 10 の余裕があり，逆方向の辺 uw では 5 のフローを減らすことができる（半パスの方向には 5 増加する）．こうして，このうちの最小値である 5 だけフローを増加させることができる．増加したフローをもつネットワークを (b) に示している．結果としてネットワークのフローは 20 となっている．

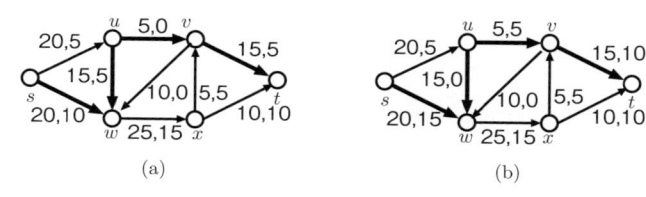

図 8.4 増加パス

8.2.3 最大フロー最小カットの定理

フローとカットの間には以下の定理が成り立つ．

定理 8.2 任意のネットワークのフロー f，任意のカット $C = (S, S_c)$ に対して，

$$val(f) = \sum_{e \in (S, S_c)} f(e) - \sum_{e \in (S_c, S)} f(e)$$

が成り立つ．

（証明） 任意のカット $C = (S, S_c)$ に対して，点 $u \in S$ を考える．すると，フローの条件 (2) より，$u \neq s$ なら

$$\sum_{e \in O(u)} f(e) - \sum_{e \in I(u)} f(e) = 0.$$

一方，s に対しては，

$$\sum_{e \in O(s)} f(e) - \sum_{e \in I(s)} f(e) = val(f).$$

こうして，s を含む S の任意の点について上記 2 式の和をとると，

$$\sum_{u \in S} \left(\sum_{e \in O(u)} f(e) - \sum_{e \in I(u)} f(e) \right) = val(f). \tag{8.1}$$

上式で数え上げている辺 e は，S の点間の辺の場合と，(S, S_c) に属する場合，(S_c, S) に属する場合のいずれかになる．こうして，S の点間を結ぶ辺の集合を E_S とすると，

$$\sum_{u \in S} \sum_{e \in O(u)} f(e) = \sum_{e \in E_S} f(e) + \sum_{e \in (S, S_c)} f(e)$$

$$\sum_{u \in S} \sum_{e \in I(u)} f(e) = \sum_{e \in E_S} f(e) + \sum_{e \in (S_c, S)} f(e)$$

であり，式 (8.1) から

$$val(f) = \sum_{e \in (S, S_c)} f(e) - \sum_{e \in (S_c, S)} f(e)$$

を得る． （証明終り）

図 8.5 では，カット $C = (S, S_c)$ を構成する辺 vt, wx のフローの和は $5 + 15 = 20$ であり，(S_c, S) を構成する辺 xv のフローは 5 である．その差 $(\sum_{e \in (S, S_c)} f(e) - \sum_{e \in (S_c, S)} f(e))$ は $20 - 5 = 15$ となるが，これは $val(s)$，すなわち s から流出している辺 su, sw のフローの和 $5 + 10 = 15$ と等しいことがわかる．

この定理を用いると，以下の定理に示すように，最大フローの値が最小カットの容量により求まる．

定理 8.3 （最大フロー最小カットの定理 (Max-flow min-cut theorem)） 任意のネットワークに対して，最大フローの値は最小カットの容量と等しい．

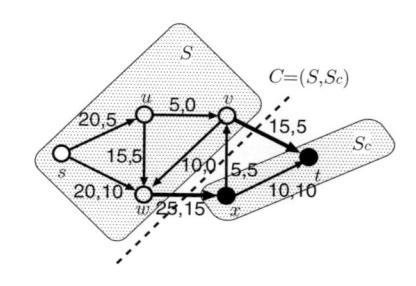

図 8.5 フローとカットの関係

（証明） まず，(A) 最大フローの値は必ず最小カットの容量以下となることを示す．

定義よりカット $C = (S, S_c)$ の容量は $c(C) = \sum_{e \in (S,S_c)} c(e)$ であり，任意の辺 e に対して $c(e) \geq f(e)$ であるので，$c(C) \geq \sum_{e \in (S,S_c)} f(e)$ を得る．一方で，$\sum_{e \in (S_c,S)} f(e) \geq 0$ である．定理 8.2 から，

$$val(f) = \sum_{e \in (S,S_c)} f(e) - \sum_{e \in (S_c,S)} f(e)$$

であるので，

$$\sum_{e \in (S,S_c)} f(e) - val(f) = \sum_{e \in (S_c,S)} f(e) \geq 0.$$

すなわち，$\sum_{e \in (S,S_c)} f(e) \geq val(f)$ を得る．こうして，$c(C) \geq \sum_{e \in (S,S_c)} f(e)$ から $val(f) \leq c(C)$ となり，$val(f)$ は任意のカットの容量を越えないことになる．

このことより，$val(f)$ の最大値である最大フローの値も任意のカットの容量を越えないため，最大フローの値は必ず最小カットの容量以下となる．

次に，(B) 最大フローの値と等しいカット容量となるカットが存在することを示す．

ネットワークが最大フロー（そのフローを f^* とする）であるときに，以下のようにして点部分集合 S とそれに基づくカットを求めることを考える．ソース s に対して，s から任意の点 u への半パスを考える．このとき，半パス上のすべての辺が，半パスと順方向で非飽和であるか，もしくは半パスとは逆向きに 0 でないフローをもつ場合，そのパスの終点 u を集合 S へ含めるものとする．このようにして S を構成した場合，シンク t は必ず点部分集合 S_c に含まれる．なぜなら，もし $t \notin S_c$ すなわち $t \in S$ の場合，s から t への増加パスの存在を意味し，最大フローであることに反するからである．すると，S に基づいてカット $C = (S, S_c)$ が定義できる．S の構成法により，C に含まれる任意の辺 uv はすべて飽和している（さもなければ点 v も S に含まなければならない）．同様に，(S_c, S) の各辺 uv ではフローは 0 である．こうして，

$$\sum_{e \in (S,S_c)} f^*(e) = \sum_{e \in (S,S_c)} c(e) = c(C)$$

$$\sum_{e \in (S_c,S)} f^*(e) = 0$$

を得る．任意のフローに対して定理 8.2 は成り立つので，

$$val(f^*) = \sum_{e \in (S,S_c)} f^*(e) - \sum_{e \in (S_c,S)} f^*(e)$$

から，

$$val(f^*) = c(C)$$

となる．すなわち，容量が最大フローの値となるカットが存在する．

(A),(B) が成り立つことから，最大フローの値と最小カットの容量は等しい．（証明終り）

ソースからシンクへのフローに対して，カットはその流れを切断することを意味し，カットの容量はその切断面を横切っているフローの総量を表す．任意の切断面を考えることができ，その容量の最小値が最大限に流すことのできるフローを決定することになる．

図 8.6 の (a) では，図 8.3 で示したネットワークの最小カット C を示している．C の容量は 20 であり，他のいずれのカットの容量よりも小さく，C は最小カットである．図 8.6 の (b) では，最大フローとなるフローを各辺に追記している．s では総和 20 のフローが流出しており，t へ総和 20 のフローが流入している．このとき，カット C の各辺では，容量に等しいフローが流れている．すなわち，最大限のフローが流れていることがわかる．

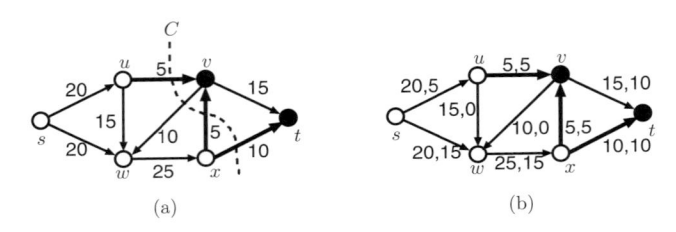

図 8.6　最小カットと最大フロー

8.2.4 最大フローを求めるアルゴリズム

最大フロー最小カットの定理が示しているように，最小カットを見つけることにより最大フローを求めることができる．しかし，演習問題 2 にあるように，グラフが複雑な場合，最小カットを見つけることは容易ではない．本節では，増加パスを見つけることにより最大フローを求めるアルゴリズムを示す．

アルゴリズム 8.1（最大フローを求めるアルゴリズム）

入力：ネットワークの点集合 V，辺集合 E，ソース s，シンク t，容量関数 c
出力：最大フローとなるフロー関数 f

増加パスを見つける以下のステップを繰り返し，増加パスが存在しなくなったとき，アルゴリズムを終了する．このとき，最大フローとなっている．

(1) ソース s をマークする．
(2) 今までにマークされた点 u に対して，以下の (a), (b) を行う．

(a) もしあるマークされていない点 v に対して非飽和な有向辺 uv が存在するなら, v にマークを付け, 接続している辺 uv の情報とフローの余裕 $(c(e) - f(e))$ を記録する.

(b) もしあるマークされていない点 v に対してフローが 0 でない有向辺 vu が存在するなら, v にマークを付け, 接続している辺 vu の情報とその辺のフロー $f(e)$ を記録する.

もしマークされた点すべてに対して (a) も (b) も満さない場合, 増加パスが存在しないとして, フローの更新を行わずアルゴリズムを終了する.

(3) シンク t が新たにマークされた場合, 記録された辺の情報を辿り, ソース s までの半パスを求める. その際, 各辺で増加可能なフローも記録しているのでそれらの最小値を求める. その最小値分, 半パス上の各辺のフローを増加させる. その際, s から t への半パスと逆向きの辺の場合はフローを減少させる.

(アルゴリズム終り)

定理 8.4 アルゴリズム 8.1 は停止し, 最大フローを出力する.

(証明) まず, 一連のステップ (1)–(3) が必ず停止し, 増加パスを出力する, もしくは増加パスがないとして終了することを示す. 点集合 V は有限でありステップ (2) で 1 点はマークするため, 有限時間で必ずステップ (2) で増加パスがないとして終了するか, ステップ (3) に進む. ステップ (3) に進まずに終了した場合, マークされた点部分集合から t へフローを増加させる辺で繋ぐことができなかったことを意味し, 増加パスが存在しないことになる. 一方, ステップ (3) へ進んだ場合, 増加パスが存在することになる. この場合, 増加パスの経路を各点で記録しているため, 増加パスを出力できる.

次に, 一連のステップ (1)–(3) を繰り返すと, 必ず停止し, 最大フローを出力ことを示す. 一連のステップの繰り返しの途中では増加パスを見つけて必ず 1 以上の増加可能な分のフローを増加させている. 最大フローは有限であるため, 必ず有限回の繰り返しとなる. そして, 最大フローに達した場合, 増加パスは存在せず, ステップ (2) で終了し, 最大フローを出力する.

最後に, 増加パスが存在せずステップ (2) で終了した場合に必ず最大フローであることを示す. 増加パスが存在しない場合, 定理 8.3 の証明中の (B) で示したように, カット $C = (S, S_c)$ の辺はすべて飽和, (S_c, S) の辺のフローが 0 となるカット C を見つけることができる. そして, このときのフロー f に対して, $val(f) = c(C)$ となる. 一方で, 定理 8.3 の証明中の (A) で示したように, 最大フローの値 $val(f^*)$ は最小カットの容量以下であるので, $val(f) \leq val(f^*) \leq c(C)$. こうして, $val(f) = val(f^*)$ を得る. (証明終り)

図 8.7 に, アルゴリズム 8.1 を適用した例を示す. (a) の初期状態において, 増加パス $s \to u \to w \to x \to v \to t$ が見つかる. この半パスの各辺でのフローの余裕の最小値は 5 (辺 xv) であり, 増量した後が (b) となる. 次に (b) に対して, 増加パス $s \to w \to x \to t$ が見つかり, フロー 10 を増量すると (c) となる. 最後に (c) に対して, 増加パス $s \to w \leftarrow u \to v \to t$ が見つかり (辺 uw は逆向きのフローをもつ), 5 増量して最大フローとなる (d) を得る. (d) に対して, アルゴリズム 8.1 のステップ (2) を適用しても, カット $C = (S, S_c)$ を構成する辺

uv, xv, xt がすべて飽和しており，(S_c, S) を構成する辺 vw のフローは 0 であるため，t には辿り着けずアルゴリズムは終了することになる．

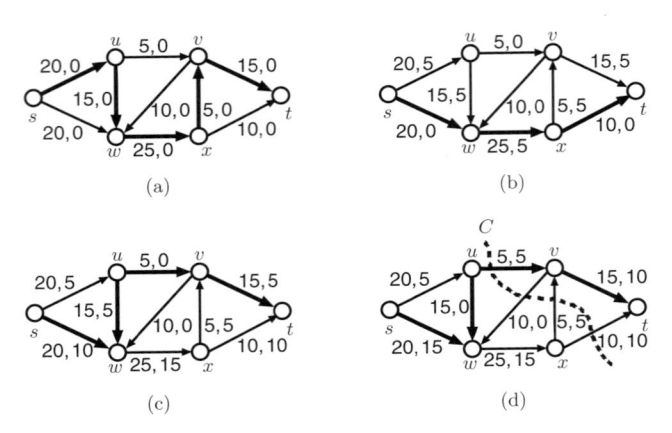

図 8.7　最大フローを見つけるアルゴリズムの適用例

演習問題

設問 1 次のネットワーク（s がソース，t がシンク）において，以下に答えよ．

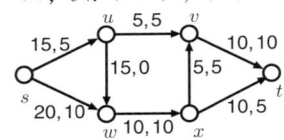

(1) 飽和な辺をすべて求めよ．
(2) ソース，シンク以外の各点で，流入するフローの和と流出するフローの和が等しいことを示せ．
(3) ネットワークのフローの値 $val(f)$ を求めよ．

設問 2 次のネットワーク（s がソース，t がシンク）において，すべてのカットの容量を調べることにより，最小カットを求めよ．

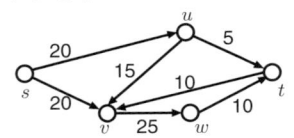

設問 3 増加パスにおいてフローを増量してもフローの条件 (2) に反しないことを示せ．

設問 4 次のネットワーク（s がソース，t がシンク）において，以下に答えよ．

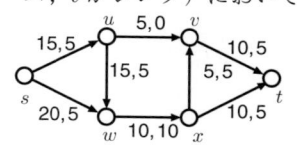

(1) 増加パス $s \to u \to v \leftarrow x \to t$ において，フローの増加量の最大値を求めよ．
(2) この増加パスを最大値分増加後，さらなる増加パスが存在しないことを示せ．

設問 5 次のネットワーク（s がソース，t がシンク）において，アルゴリズム 8.1 を用いて，最大フローを求めよ．このときの最小カットも求めよ．

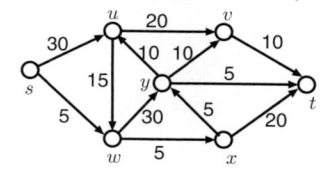

第9章
グラフの連結性

□ 学習のポイント

切断点をもつ連結なグラフでは，1つの切断点の除去により連結性が失われる．これは，グラフが通信ネットワークを表していることを考えた場合，1つのノードの故障により，通信ネットワークが切断されることを意味する．また，橋をもつグラフにおいても，1つの橋を除去することにより連結性が失われる．通信ネットワークの場合においては，1つの通信路の故障による通信ネットワーク切断を意味する．すなわち，切断点や橋をもつ場合，連結性が弱いことがわかる．本章では，連結性が高いかどうかを議論するために，k 連結という概念を導入し，それに基づいた連結度を考えていく．

- k 連結，k 辺連結の概念を基に，グラフの連結度，辺連結度について理解する．
- グラフが k 連結，k 辺連結となるための条件を与えるメンガーの定理を，その証明を通じて理解する．

□ キーワード

k 連結，k 辺連結，連結度，辺連結度，メンガーの定理

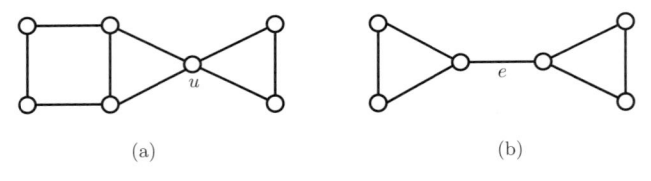

図 9.1 切断点 u と橋 e

9.1 連結度と辺連結度

9.1.1 2連結

まず，1つの点もしくは辺の除去に対して耐性のあるグラフを考えていく．切断点をもたないグラフを **2 連結** (2-connected) であるという．切断点をもたないため，いずれの1点を除去したとしても連結性が保たれる．ネットワークの場合，あるノードが故障したとしても必ず迂回路があり，接続性が保たれることを意味する．辺の場合も同様に定義でき，橋をもたないグラフを **2 辺連結** (2-edge-connected) であるという．橋をもたないため，いずれかの1辺を除

去したとしても連結性が保たれる．

図 9.2 は 2 連結グラフと 2 辺連結グラフの例である．(a) は 2 連結グラフであり，任意の 1 点が除去されても連結性が保持されていることがわかる．(b) は 2 辺連結グラフであり，任意の 1 辺が除去されても連結性が保持されている．ただし，(b) は 2 連結グラフではなく，点 u が除去されると連結ではなくなる．

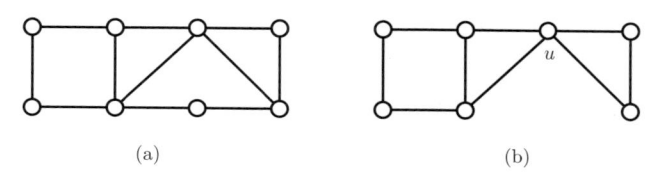

図 **9.2** (a)2 連結グラフと (b)2 辺連結グラフ

2 連結グラフの特徴は以下の定理により示される．

定理 9.1 3 点以上の点からなる連結グラフ G において以下の (1)–(7) は同値である．

(1) グラフ G は 2 連結である．
(2) グラフ G の任意の 2 点に対して，その 2 点を含むサイクルが存在する．
(3) グラフ G の任意の 1 点と任意の 1 辺に対して，それらを含むサイクルが存在する．
(4) グラフ G の任意の 2 辺に対して，それらを含むサイクルが存在する．
(5) グラフ G の任意の 2 点 u, v と任意の辺 e に対して，e を含む u-v パスが存在する．
(6) グラフ G の任意の 3 点に対して，その内の任意の 2 点間に残りの 1 点を含むパスが存在する．
(7) グラフ G の任意の 3 点に対して，その内の任意の 2 点間に残りの 1 点を含まないパスが存在する．

(証明) すべてを証明するのは煩雑なため，(1) と (7) が同値であることのみを示す．

(1)⇒(7): (1) のとき (7) が成り立たないと仮定する．すると，ある 3 点 u, v, w に対して，すべての u-v パスは点 w を含む．こうして w は切断点となるため，グラフ G は 2 連結でない．(1) に反するため，(7) は成立する．

(7)⇒(1): (7) のとき (1) が成り立たないと仮定する．すると，切断点となる点 w が存在する．こうして，$G - w$ では，ある 2 点 u, v を結ぶパスが存在しなくなる．一方，G は連結であるため，G では u-v パスは存在する．ここで，u-v パスが w を含まないとする．すると，$G - w$ でも u-v パスが存在することになり矛盾する．よって，u-v パスのいずれもが w を含むが，これは (7) に反するため，(1) は成立する． (証明終り)

9.1.2 k 連結

2 連結の考えを拡張すると k 連結を定義できる．すなわち，任意の $k - 1$ 個の点を除去した

としても連結性が保たれるグラフを k **連結** (k-connected) であるという．1 個の点を除去しても連結な場合 2 連結である．また，連結なグラフを 1 連結であると定義する．同様に，任意の $k-1$ 個の辺を開放除去したとしても連結性が保たれるグラフを k **辺連結** (k-edge-connected) であるという．連結なグラフは 1 辺連結である．定義より，$k \geq 2$ に対して，k 連結なグラフは $(k-1)$ 連結である．同様に，k 辺連結なグラフは $(k-1)$ 辺連結である．

図 9.3 は 3 連結グラフと 4 連結グラフの例である．(a) は 3 連結グラフであり，任意の 2 点を除去しても連結である．当然 2 連結でもあり任意の 1 点を除去しても連結である．(b) は 5 点の完全グラフ K_5 になっている．k 点をもつ完全グラフは必ず $(k-1)$ 連結となる．この場合，任意の 3 点を除去しても連結であり 4 連結となっていることがわかる．

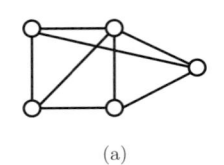

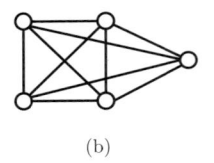

図 9.3 (a) 3 連結グラフと (b) 4 連結グラフ (K_5)

9.1.3 連結度と辺連結度

k 連結や k 辺連結の考え方によりグラフの連結の強さを測ることができる．グラフ G が k 連結であるときの k の最大値をグラフ G の**連結度** (connectivity) といい，$\kappa(G)$ で表記する．同様に，k 辺連結における k の最大値を**辺連結度** (edge-connectivity) といい，$\lambda(G)$ で表記する．($\kappa(G)$-1) 個の点の除去まで連結性を保つことを意味する（すなわち $\kappa(G)$ 個の点の除去により連結性が失われる）．辺の場合も同様である．上記の図 9.3 の (a) は 3 連結ではあるが 4 連結でないため $\kappa(G) = 3$ である．

点の除去は辺の除去を含んでいるため，点の除去の方が厳しく，$\kappa(G) \leq \lambda(G)$ となる（つまり，$\kappa(G) > \lambda(G)$ となるグラフ G は存在しない）．一方，$\kappa(G) < \lambda(G)$ なるグラフ G は存在する．図 9.4 は，$\kappa(G) = 1$, $\lambda(G) = 4$ であり，$\kappa(G) < \lambda(G)$ となるグラフの例である．

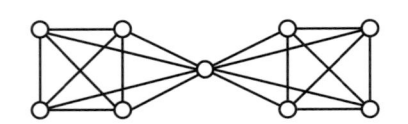

図 9.4 $\kappa(G) = 1$, $\lambda(G) = 4$ のグラフ G

また，グラフ G の点の次数の最小値を $\delta(G)$ と表記すると，常に $\lambda(G) \leq \delta(G)$ である．こうして，以下の定理 9.2 が成り立つ．

定理 9.2 任意の連結グラフ G に対して，

$$\kappa(G) \leq \lambda(G) \leq \delta(G)$$

が成り立つ．

（証明） まず，$\lambda(G) \leq \delta(G)$ を示す．グラフ G の次数最小すなわち $\delta(G)$ となる点 u を考える．このとき，u に接続しているすべての辺を除去すると非連結となる．こうして，辺連結度 $\lambda(G)$ は $\delta(G)$ であるかそれよりも小さいことになる，すなわち，$\lambda(G) \leq \delta(G)$ を得る．

次に，$\kappa(G) \leq \lambda(G)$ を示す．辺連結度が $\lambda(G)$ より，$|F| = \lambda(G)$ となる辺部分集合 F が存在し，F の辺を除去すると非連結となる．F から任意の辺 $e = (u, v)$ を取り出す．そして，点 u, v は残るように，$F - e$ の各辺に接続したどちらかの点を除去する．このとき，もし非連結となった場合，除去した点の個数は $|F| - 1 = \lambda(G) - 1$ より少ないため，$\kappa(G) \leq \lambda(G)$ を得る．一方，連結が維持される場合，これらの点の除去は $F - e$ の各辺の除去も含むため，除去したグラフでは，e が橋となっている．こうして，e に接続した点 u, v のいずれを除去すると必ず非連結となる．この場合，除去した点の個数は $|F| = \lambda(G)$ より少ないため，やはり $\kappa(G) \leq \lambda(G)$ を得る． （証明終り）

9.1.4 通信ネットワークにおける連結度

通信ネットワークトポロジーの例とその連結度について示す．図 9.5 において，(a) は木構造のネットワークの，(b) はリング状のネットワークのトポロジーを示している．(a) の場合，$\kappa(G) = \lambda(G) = \delta(G) = 1$ である．すなわち，1 つのノードの故障や 1 つの通信路の故障によりネットワークが断絶する．(b) の場合，$\kappa(G) = \lambda(G) = \delta(G) = 2$ であり，1 つのノードや 1 つの通信路が故障したとしても逆向きの迂回路があり通信が保たれる．このように，連結度を比較することによりネットワークの連結度すなわち故障に対する強さを測ることができる．

定理 9.2 から，連結度 $\kappa(G)$ や辺連結度 $\lambda(G)$ は点の次数の最小値である $\delta(G)$ までの値を取る．点の次数は辺の数を表すため，辺の数を増やせば連結度や辺連結度が増加することがわかる．しかし実際のネットワークでは，辺数の増加は通信路の増加を意味するため，コストの増加を招く．こうして，できる限り $\kappa(G)$ や $\lambda(G)$ が $\delta(G)$ に近くなるようにネットワークトポロジーを構築することが望ましい．図 9.5 の (a),(b) は $\kappa(G) = \lambda(G) = \delta(G)$ を満しており望ましいネットワークトポロジーであることがわかる．

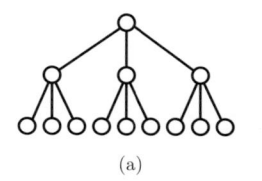

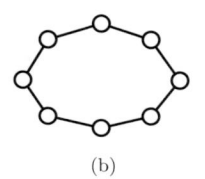

図 9.5 実際のネットワークトポロジー

9.2 メンガーの定理

連結度に関連した定理としてメンガーの定理が知られている．メンガーの定理を利用することにより，グラフが k 連結，k 辺連結となるための条件を得ることができる．一方，メンガーの定理はネットワークにおける最大フロー最小カット定理とも密接に関連している．

メンガーの定理に関して以下を定義する．グラフの 2 点 u, v に対して，2 つの u-v パスが**辺素** (edge-disjoint) であるとは，それらの 2 つのパスが共通の辺を含まないことである．グラフの 2 点 u, v に対して，2 つの u-v パスが**内素** (internally disjoint) であるとは，それらの 2 つのパスが共通の点を含まないことである．辺部分集合 F が 2 点 u, v を**分離** (split) するとは，F の各辺を除去したときに，u-v パスが存在しなくなることである．点部分集合 U が 2 点 u, v を**分離**するとは，U の各点を除去したときに，u-v パスが存在しなくなることである．

図 9.6 に，4 本の辺素な u-v パスと 2 本の内素なパスをもつグラフの例を示す．辺素なパスについては，$u \to s \to t \to w \to v$, $u \to t \to v$, $u \to y \to v$, $u \to x \to y \to z \to v$ の 4 本のパスが存在している．一方，内素なパスについては，たとえば $u \to t \to v$ と $u \to y \to v$ など，2 本しか存在していない．

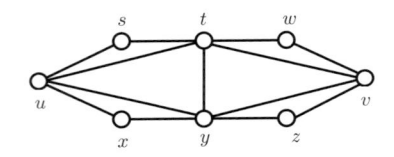

図 9.6　4 本の辺素なパスと 2 本の内素なパスをもつグラフ

辺素なパスや内素なパスの本数に関して，以下のメンガーの定理（定理 9.3，定理 9.4）が知られている．

定理 9.3　（メンガーの定理（辺版））　連結グラフの 2 点 u, v に対して，辺素な u-v パスの最大本数は，u と v を分離する辺部分集合の辺の最小本数と等しい．

（証明）　最大フロー最小カットの定理を利用するために，有向グラフについて考える．そして，u をソース，v をシンクとし，各辺の容量を 1 として ($c(e) = 1$)，ネットワークを構成する（図 9.7 参照）．

まず，(A)「最大フローの値が辺素な u-v パスの最大本数 k と等しい」ことを示す．

最大フロー f^* が流れているときを考える．このネットワークでは容量が 1 であることから，各辺のフローは 1 か 0 である．u でフローが生成され，u, v 以外の点では流入したフローがそのまま流出し，v で消失することから，フロー 1 の辺を結んで u から v へのパスを構成できる．u で生成されるフローは $val(f^*)$ であるため，$val(f^*)$ 本のパスを構成できることになる．このとき，各辺はフロー 1 しか流せないことから，フロー 1 の辺を結んだ各パスは互いに辺素である．

一方，こうして構成した $val(f^*)$ 本のパス以外に辺素なパスが存在するかもしれない．しかし，そのようなパスが存在した場合，それは増加パスを意味するため，最大フローの値が $val(f^*)$ より大きくなってしまい矛盾する．こうして，$val(f^*)$ 本の辺素なパスのみが存在することになり，$val(f^*) = k$ がいえる．

図 9.7 の例では，4 本の辺素な u-v パスが存在する．このとき最大フローの値 $val(f^*)$ は 4 であり，$val(f^*) = k$ となっていることがわかる．

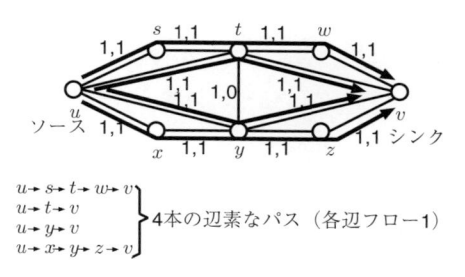

図 9.7 フロー 1 をもつ 4 本の辺素なパス（各辺の重みは容量とフロー）

次に，(B)「最小カット C^* の容量 $c(C^*)$ が u と v を分離する辺部分集合の辺の最小本数 ℓ と等しい」ことを示す．

ネットワークの最小カットを考えると，各辺の容量が 1 であることから，カットの容量はその辺数と等しい．すなわち，最小カットの辺数は $c(C^*)$ となる．カットは u と v を分離する辺部分集合であるため，その辺数の最小値 ℓ に対して，$c(C^*) \geq \ell$ となる．

一方，u と v を分離する辺部分集合において最小の辺数 ℓ をもつものを考える．この辺部分集合はカットであり，上述したように，その辺数はカットの容量と等しいことから，そのカット容量も ℓ となる．こうして，カット容量の最小値は $c(C^*)$ であるため，$\ell \geq c(C^*)$ となる．$c(C^*) \geq \ell$ および $\ell \geq c(C^*)$ であることから，$c(C^*) = \ell$ を得る．すなわち，最小カットの容量 $c(C^*)$ は，u と v を分離する辺部分集合の辺の最小数 ℓ と等しい．

図 9.7 の例では，図 9.8 が最小カットの 1 つとなる．その容量は 4 である．このカットは u と v を分離する辺部分集合であるが，その辺数はそのような辺部分集合の中で最小となっており 4 である．このように，最小カットの容量 $c(C^*)$ は u と v を分離する辺部分集合の辺の最小本数 ℓ と等しい．

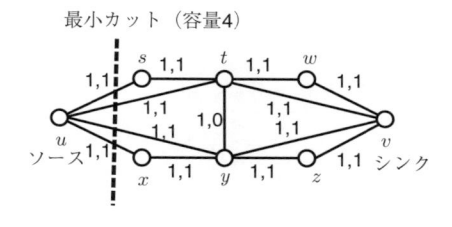

図 9.8 最小カットとその容量

最大フロー最小カットの定理より，$val(f^*)$ と $c(C^*)$ は等しいため，(A), (B) は，$k = \ell$ を意味する．すなわち，辺素な u-v パスの最大本数は，u と v を分離する辺部分集合の辺の最小本数と等しいことになり，定理の有向グラフ版が示せた．

最後に無向グラフにおいて考える．任意の無向グラフに対して，各辺を順方向と逆方向の 2 辺に置き換えることにより，有向グラフを得ることができる．この有向グラフに対して，有向グラフ版のメンガーの定理を適用することにより，無向グラフにおいても同様の結果を得る．

(証明終り)

定理 9.4（メンガーの定理（点版））　連結グラフの隣接していない 2 点 u, v に対して，内素な u-v パスの最大本数は，u と v を分離する点部分集合の点の最小個数と等しい．

（証明）　点版のメンガーの定理は，辺版のメンガーの定理から導かれる．以下，有向グラフについて考える．無向グラフの場合も，辺版の証明と同様にしていえる．

与えられた有向グラフ G に対して，以下のように拡張したグラフ G' を構成する（図 9.9，9.10 参照）．任意の点 w を 2 点 w_1, w_2 で置き換える．そして，w_1 から w_2 へ有向辺を加える．元のグラフの任意の辺 wv に対しては，辺 $w_2 v_1$ で置き換える．こうすると，各点 w は辺 $w_1 w_2$ で表現されることになる．

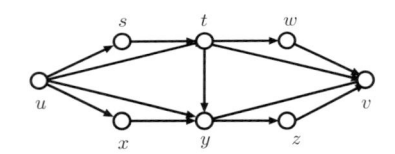

図 9.9　グラフの拡張の例（拡張前）

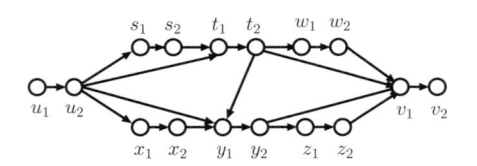

図 9.10　グラフの拡張の例（拡張後）

このとき，G において u, v を分離する点部分集合は，G' での u, v を分離する辺部分集合に対応する．一方，G において内素な u-v パスは，G' での辺素な u-v パスに対応する．

定理 9.3 より，辺素なパスの最大本数は分離する辺部分集合の辺の最小本数と等しいことから，G においては，内素なパスの最大本数は分離する点部分集合の点の最小個数と等しいことになる．

(証明終り)

図 9.6 の例の場合，たとえば 4 辺 us, ut, uy, ux が u, v を分離し，分離する辺部分集合の最

小本数は 4 であり，辺素な u-v パスの本数と一致している．また，2 点 t, y が u, v を分離し，分離する点部分集合の最小個数は 2 であり，内素な u-v パスの最大本数と一致している．

2 つのメンガーの定理より，グラフが k 連結および k 辺連結となる条件を得る．

系 9.1 グラフ G が k 辺連結であるための必要十分条件は，G の相異なる任意の 2 点に対して，k 本以上の辺素なパスが存在することである．

系 9.2 グラフ G が k 連結であるための必要十分条件は，G の隣接していない任意の 2 点に対して，k 本以上の内素なパスが存在することである．

演習問題

設問 1 以下のグラフの連結度と辺連結度をそれぞれ求めよ．

(1) 完全 2 部グラフ $K_{3,3}$
(2) サイクルグラフ C_6
(3) 車輪グラフ W_7

設問 2 $\kappa(G) = 2$ かつ $\lambda(G) = 3$ となるグラフ G を描け．

設問 3 次のグラフに対して，以下の問に答えよ．

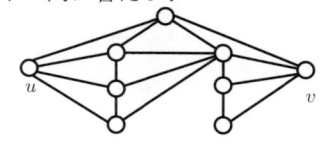

(1) 辺素な u-v パスの最大本数を求めよ．
(2) u と v を分離する辺部分集合の辺の最小数を求めよ．
(3) 内素な u-v パスの最大本数を求めよ．
(4) u と v を分離する点部分集合の点の最小数を求めよ．

設問 4 系 9.1 を証明せよ．

索　引

あ行

厚さ（G の）(thickness)............111
行きがけ順 (preorder)...............88
位相順序 (topological order).........43
位相同形 (homeomorphic)............103
一価関数 (single-valued function).....4
ウォーク (walk)....................24
裏 (reverse).......................10
永久ラベル (permanent label).......45
枝 (arc)...........................20
NP 完全問題 (NP-complete problem)..60
NP 困難 (NP-hard)................117
オイラーグラフ (Euler graph).......53
オイラーサーキット (Euler circuit). 25, 53
オイラートレイル (Euler trail)..... 25, 53
重み (weight).....................21
親 (parent)...................26, 84

か行

外平面的グラフ (outerplanar graph) 22, 107
開放除去 (deletion)................123
開放除去（辺の）(edge-deletion または edge-removal)....................26
帰りがけ順 (postorder)..............88
カット (cut).......................134
カットセット (cut set)..............27
カットセット階数 (cut set rank)......78
仮定 (assumption)..................12
可分 (separable)...................27
仮ラベル (temporary label).........45
含意 (implication).................10
含意命題 (implication).............12
関数 (function)....................4
完全グラフ (complete graph)..... 27, 118
完全 2 部グラフ (complete bipartite graph) 28
完全 2 分木 (complete binary tree)....89
偽 (false).........................9
木 (tree)......................26, 75
幾何学的双対グラフ (geometric dual)..106
基礎グラフ (underlying graph)......25
帰納法の仮定 (inductive hypothesis)..15
帰納法のステップ (inductive step)....14
帰納法のベース (basis step)..........14
逆 (converse).....................10
逆像 (inverse image)...............4
境界 (contour)....................99
兄弟 (sibling)....................85
共通集合 (intersection).............1
行列木定理 (Matrix-tree theorem)....79
強連結 (strongly connected)........25
強連結成分 (strongly connected component)....................25
極小集合 (minimal set).............6
極小要素 (minimal element).........6
極大外平面的グラフ (maximal outerplanar graph)..........................107
極大集合 (maximal set).............6
極大要素 (maximal element).........6
距離 (distance)...................34
空グラフ (null graph).......... 27, 118
空集合 (empty set).................1
鎖 (chain).......................91
クラスカルアルゴリズム (Kruskal's algorithm)........................81
グラフ (graph)....................20
クリティカルコード (critical chord)...114
クリティカルパス (critical path).....114
クローズドウォーク (closed walk)....25
k 辺連結 (k-edge-connected)...........144
k 立方体グラフ (k-cube graph).........61
k 連結 (k-connected).................144
ケーニヒスベルクの橋の問題 (Königsberg bridge problem)...................54
結論 (conclusion)..................12
原像 (inverse image)...............4
子（または子供）(child).........26, 85
交差数 (crossing number)..........110
恒等関数 (identity function).........4
恒等写像 (identity mapping).........4
コード (chord)....................113
コスト (cost).....................21
孤立点 (isolated vertex)...........25

さ行

サーキット (circuit)...............25

最右拡張 (rightmost expansion) 89
最右パス (rightmost path) 89
サイクル (cycle) 25
サイクルグラフ (cycle graph) 28
最小カット (minimum cut).......... 135
最小次数 (minimum degree)........... 23
最小全域木 (minimum spanning tree) .. 81
最小要素 (minimum element) 6
最小連結子問題 (minimum connetor problem) 81
最大次数 (maximum degree) 23
最大フロー (maximum flow) 134
最大要素 (maximum element) 6
最短路問題 (shortest path problem).... 44
最適木 (optimum tree) 81
細分 (subdivision) 103
細分する (subdivide) 103
差集合 (difference).................... 1
三段論法 (modus ponens)............. 14
シーリング（x の）(ceiling of x) 9
自己同形写像（automorphism または automorphic mapping）........... 23
自己ループ (self-loop) 20
子孫 (descendant) 85
始点（有向辺の）(tail) 21
弱連結 (weakly connected)............ 25
写像 (mapping) 4
車輪グラフ (wheel)................... 28
集合 (set)............................. 1
終点（有向辺の）(head) 21
十分条件 (sufficient condition) 12
十分性 (sufficiency) 13
縮約グラフ (contraction) 104
縮約部分グラフ (subcontraction)...... 104
縮約または縮約除去（辺の）(contraction, shrinking) 26
出次数 (outdegree)................... 23
巡回セールスマン問題 (Traveling Salesman Problem, TSP) 69
順序木 (ordered tree) 87
除去（点の）(vertex-removal, vertex-deletion) 26
真 (true) 9
シンク (sink)....................... 132
真部分集合 (proper subset) 2
真理値表 (truth table)................ 10
推移律 (transitive law) 6, 8
数学的帰納法 (mathematical induction) 14
スポーク (spoke) 29
正規グラフ（または正則グラフ）(regular graph).......................... 23
正則グラフ (regular graph) 23
正多面体グラフ (Platonic graph)....... 61
接続 (incident) 23

接続行列 (incidence matrix)........... 30
切断点 (separation vertex, cutvertex, articulation vertex) 27
切断点集合 (separation vertex set) 27
切断辺 (cut edge)..................... 27
切断辺集合 (separation edge set) 27
全域部分グラフ (spanning subgraph) ... 77
全域木 (spanning tree) 26, 77
全域林 (spanning forest)............. 77
線形順序 (linear order) 6
全射（surjection または onto）........ 4
全順序関係（または全順序）(total order) . 6
全順序集合 (totally ordered set) 6
染色数 (chromatic number).......... 117
染色多項式 (chromatic polynomial) ... 123
全単射（bijection または one-to-one and onto）............................. 4
像 (image)............................ 4
増加パス (augmenting path) 135
総フロー (total flow) 133
ソース (source)..................... 132
祖先 (ancestor)....................... 85

た行

対偶 (contraposition) 10
ダイクストラ法 (Dijkstra's algorithm) .. 45
対称差集合 (symmetric difference) 1
対称律 (symmetric law) 7
多価関数 (multi-valued function) 4
高さ（木の）(height of a tree) 26, 85
高さ（ノードの）(height of a node) 26, 85
多重グラフ (multigraph)............. 21
多重辺 (multiple edges) 20
単射（injection または one-to-one) 4
単純グラフ (simple graph) 21
端点（endvertex または endpoint) 21
短絡除去 (contraction) 123
値域 (range) 4
中国人郵便配達問題 (Chinese postman problem) 59
直積集合 (direct product)............. 2
直接推論 (modus ponens)............. 14
直和集合 (disjoint union) 8
定義域 (domain)....................... 4
d 分木 (d-ary tree)................. 26
点 (vertex) 20
点彩色 (vertex coloring) 117
点次数 (degree)...................... 23
ド・モルガンの法則 (De Morgan's laws) 10
等価 (equivalence) 10
同形写像（isomorphism または isomorphic mapping）....................... 23
到達可能 (reachable) 24
同値関係 (equivalence relation)........ 8

同値類 (equivalence class) 8
トーナメント (tournament) 67
通りがけ順 (inorder) 88
トレイル (trail)..................... 24

な行

内素 (internally disjoint) 25, 146
内部ノード (internal node).......... 85
長さ (length) 24
2 項関係 (binary relation) 5, 6
2 部グラフ (bipartite graph) .. 28, 38, 118
2 辺連結 (2-edge-connected) 142
入次数 (indegree).................... 23
2 連結 (2-connected)................ 142
根 (root) 26, 84
根付き木 (rooted tree)............ 26, 84
ネットワーク (network) 132
ノード (node)....................... 75

は行

葉 (leaf)........................ 26, 84
排他的論理和 (exclusive or) 10
背理法 (proof by contradiction) 14
橋 (bridge) 27
パス (path)......................... 24
鳩の巣原理 (pigeonhole principle).. 14, 15
幅優先木（BFS 木）(breadth first tree). 86
幅優先探索 (breadth first search) 85
ハブ (hub)......................... 28
ハミルトングラフ (Hamilton graph) 61
ハミルトンサイクル (Hamilton cycle) 25, 61
ハミルトンパス (Hamilton path)... 25, 61
林（森）(forest) 75
反射律 (reflective law)............. 6, 7
半順序関係（または半順序）(partial order) 6
反対称律 (antisymmetric law)......... 6
半パス (semipath) 25
ピーターセングラフ (Petersen graph).. 109
非可分 (nonseparable)................ 27
非可分成分 (nonseparable component) . 27
非サイクル的 (acyclic)............... 26
必要条件 (necessary condition) 12
必要性 (necessity) 13
否定（not または negation）......... 10
否定（命題）(negation).............. 11
非平面的グラフ (nonplanar graph) 94
非飽和 (unsaturated) 133
非連結 (disconnected) 25
ブール変数 (boolean variable)......... 9
深さ (depth) 26, 85
深さ優先木（DFS 木）(depth first tree). 86
深さ優先探索 (depth first search) 85
部分木 (subtree).................... 85

部分グラフ (subgraph) 23
部分集合 (subset).................... 2
フラーリ (Fleury).................. 56
プラトングラフ (Platonic graph)...... 61
ブランチ (branch) 20
プリムアルゴリズム (Prim's algorithm) . 83
フロア（x の）(floor of x) 9
フロー (flow)..................... 133
フローの値 (value of the flow) 133
ブロック (block)................... 27
分離（集合による）(split) 146
分離（点による）(separate) 27
閉包 (closure)..................... 66
平面埋め込み (plane embedding)...... 94
平面グラフ (plane graph) 94
平面的グラフ (planar graph) 94
平面描画 (plane drawing)........... 94
並列辺 (parallel edges) 20
閉路階数 (cycle rank) 78
べき集合 (power set) 2
辺 (edge)......................... 20
辺彩色 (edge coloring) 121
辺染色数 (edge chromatic number) ... 121
辺素 (edge-disjoint)............ 25, 146
辺連結度 (edge-connectivity)....... 144
飽和 (saturated).................. 133
補グラフ (complement)............. 27
補集合 (complement) 2

ま行

マイナー (minor) 109
向き付け (orientation)............. 85
向き付け可能 (orientable) 87
無限面 (infinite face)............. 99
無向ウォーク (undirected walk)...... 24
無向グラフ (undirected graph) 20
結び (join)....................... 29
面 (face)......................... 99

や行

有限面 (finite face) 99
有向ウォーク (directed walk)........ 24
有向オイラーグラフ (directed Euler graph) 59
有向オイラーサーキット (directed Euler circuit)......................... 59
有向木 (directed tree) 26
有向グラフ (directed graph).......... 20
有向クローズドウォーク (directed closed walk)........................... 25
有向サーキット (directed circuit) 25
有向サイクル (directed cycle)........ 25
有向 d 分木 (directed d-ary tree)....... 26

有向ハミルトングラフ (directed Hamilton graph)............................ 67
有向ハミルトンサイクル (directed Hamilton cycle)........................... 67
有向ハミルトンパス (directed Hamilton path)............................ 67
有向非サイクル的グラフ (Directed Acyclic Graph, DAG).................... 42
誘導部分グラフ (induced subgraph).... 23
要素 (element)........................ 1
容量 (capacity)..................... 132
4色問題 (four coloring problem)..... 120

ら行

リム (rim)......................... 28
隣接 (adjacent)..................... 23
隣接行列 (adjacency matrix)......... 30
連結 (connected).................... 25
連結グラフ (connected graph)........ 25
連結成分 (connected component)...... 25
連結度 (connectivity).............. 144
論理演算子 (logical operator).......... 9
論理式 (logical formula).............. 9
論理積（and または conjunction）..... 10
論理変数 (logical variable)............ 9
論理和（or または disjunction）....... 10

わ行

和（グラフの）(union).............. 35
和集合 (union)....................... 1

著者紹介

舩曳信生（ふなびき のぶお）（執筆担当章 7 章）

略　歴：1984 年 3 月　東京大学工学部卒業
　　　　1984 年 4 月　住友金属工業株式会社入社
　　　　1991 年 5 月　ケースウエスタンリザーブ大学大学院工学研究科修士課程修了
　　　　1993 年 3 月　博士（工学）（東京大学）
　　　　1994 年 7 月　大阪大学基礎工学部講師
　　　　1995 年 11 月　大阪大学基礎工学部助教授
　　　　2000 年 5 月　カリフォルニア大学サンタバーバラ校客員研究員
　　　　2001 年 4 月　岡山大学工学部教授
　　　　2005 年 4 月-現在　岡山大学大学院自然科学研究科教授
受賞歴：2004 年 DICOMO2004 優秀論文賞，2011 年 ICCSA 2011・NBiS 2011 Best Paper Award．
主　著：持田敏之，舩曳信生 編著，「情報セキュリティ対策の要点——実務と理論——」，コロナ社 (2005), Nobuo Funabiki ed., "Wireless Mesh Networks," InTech - Open Access Publisher (2011).
学会等：電子情報通信学会員，情報処理学会員，IEEE 会員

渡邉敏正（わたなべ としまさ）（執筆担当章 1, 2, 6 章）

略　歴：1972 年 3 月　広島大学工学部電子工学科卒業
　　　　1974 年 3 月　広島大学大学院工学研究科修士課程電子工学専攻修了
　　　　1977 年 3 月　東北大学大学院工学研究科博士課程電気及通信工学専攻修了（工学博士）
　　　　1977 年 4 月　東北大学工学部助手通信工学科
　　　　1977 年 10 月　広島大学工学部助手共通講座（応用数学）
　　　　1981 年 4 月　同上 助教授
　　　　1986 年 8 月　文部省在外研究員（イリノイ大学シャンペン・アバナ校他）（1987 年 4 月まで）
　　　　1993 年 11 月　広島大学教授工学部第二類（電気系）回路システム工学講座
　　　　2001 年 4 月　大学院講座化により大学院工学研究科情報工学専攻へ配置換え
　　　　2010 年 4 月　組織名称変更により大学院工学研究院情報部門所属
　　　　2013 年 3 月　広島大学定年退職
　　　　2013 年 4 月　広島大学大学院工学研究院特任教授（2016 年 3 月まで）
　　　　2016 年 4 月　広島大学大学院工学研究科客員教授（2018 年 3 月まで）
　　　　（2004 年～2011 年：副工学研究科長，広島大学情報メディア教育研究センター長，広島大学副理事（情報担当）を歴任．）
専　門：アルゴリズムやデータ構造の設計と解析，プリント基板設計自動化，グラフ理論，ペトリネット理論，並列処理，など．
主　著：「コンピュータによる数値計算」，共著，朝倉書店 (1985)，「ペトリネットとその応用」，共著，計測自動制御学会 (1992)，「データ構造と基本アルゴリズム」，単著，共立出版 (2000).
学会等：電子情報通信学会員（2008 年よりフェロー），情報処理学会員

内田 智之（うちだ ともゆき）（執筆担当章 5 章）

略　歴：1989 月 3 月 九州大学理学部数学科卒業
　　　　1991 年 3 月 九州大学大学院総合理工学研究科修士課程修了
　　　　1994 年 3 月 九州大学大学院総合理工学研究科博士課程修了 博士（理学）
　　　　1994 年 4 月 広島市立大学情報科学部助教授
　　　　2007 年 4 月-現在 広島市立大学大学院情報科学研究科准教授
専　門：グラフアルゴリズム，グラフマイニング，機械学習，計算量理論など．
学会等：電子情報通信学会員，ACM 会員

神保 秀司（じんぼ しゅうじ）（執筆担当章 3, 4 章）

略　歴：1978 年 3 月 東北大学理学部卒業
　　　　1984 年 9 月 東北大学大学院工学研究科博士課程単位取得退学
　　　　1984 年 10 月 沖電気工業株式会社入社
　　　　1990 年 7 月 東北大学工学部助手
　　　　1995 年 4 月 東北大学工学部講師
　　　　1995 年 10 月 岡山大学工学部講師
　　　　1995 年 12 月-2021 年 3 月 岡山大学自然科学研究科講師 工学博士（東北大学）
学会等：情報処理学会員，電子情報通信学会員，応用数理学会員，ACM 会員，IEEE 会員

中西　透（なかにし とおる）（執筆担当章 8, 9 章）

略　歴：1998 年 3 月 大阪大学大学院基礎工学研究科博士後期課程単位取得退学
　　　　1998 年 4 月 岡山大学工学部助手
　　　　2003 年 12 月 岡山大学工学部講師
　　　　2005 年 4 月 岡山大学大学院自然科学研究科講師
　　　　2006 年 7 月 岡山大学大学院自然科学研究科助教授
　　　　2007 年 4 月 岡山大学大学院自然科学研究科准教授
　　　　2014 年 4 月 広島大学大学院工学研究科教授
　　　　2020 年 4 月-現在 広島大学大学院先進理工系科学研究科教授 博士（工学）（大阪大学）
主　著：「情報セキュリティ対策の要点—実務と理論—」，共著，コロナ社 (2005)，
　　　　「現代暗号のしくみ」，単著，共立出版 (2017)．
学会等：電子情報通信学会員，情報処理学会員

未来へつなぐ デジタルシリーズ 14
グラフ理論の基礎と応用

Elements of Graph Theory with Applications

2012 年 10 月 15 日 初 版 1 刷発行
2025 年 2 月 15 日 初 版 5 刷発行

検印廃止
NDC 415.7
ISBN 978-4-320-12314-4

著 者　舩曳信生　　渡邉敏正
　　　　内田智之　　神保秀司　　ⓒ 2012
　　　　中西　透

発行者　南條光章

発行所　**共立出版株式会社**
　　　　郵便番号 112-0006
　　　　東京都文京区小日向 4-6-19
　　　　電話 03-3947-2511（代表）
　　　　振替口座 00110-2-57035
　　　　URL www.kyoritsu-pub.co.jp

印　刷　藤原印刷
製　本　ブロケード

一般社団法人
自然科学書協会
会員

Printed in Japan

JCOPY ＜出版者著作権管理機構委託出版物＞
本書の無断複製は著作権法上での例外を除き禁じられています．複製される場合は，そのつど事前に，出版者著作権管理機構（ＴＥＬ：03-5244-5088，ＦＡＸ：03-5244-5089，e-mail：info@jcopy.or.jp）の許諾を得てください．

編集委員：白鳥則郎（編集委員長）・水野忠則・高橋 修・岡田謙一

未来へつなぐデジタルシリーズ

❶ インターネットビジネス概論 第2版
　片岡信弘・工藤 司他著……208頁・定価2970円

❷ 情報セキュリティの基礎
　佐々木良一監修／手塚 悟編著…244頁・定価3080円

❸ 情報ネットワーク
　白鳥則郎監修／宇田隆哉他著…208頁・定価2860円

❹ 品質・信頼性技術
　松本平八・松本雅俊他著……216頁・定価3080円

❺ オートマトン・言語理論入門
　大川 知・広瀬貞樹他著……176頁・定価2640円

❻ プロジェクトマネジメント
　江崎和博・高根宏士他著……256頁・定価3080円

❼ 半導体LSI技術
　牧野博之・益子洋治他著……302頁・定価3080円

❽ ソフトコンピューティングの基礎と応用
　馬場則夫・田中雅博他著……192頁・定価2860円

❾ デジタル技術とマイクロプロセッサ
　小島正典・深瀬政秋他著……230頁・定価3080円

❿ アルゴリズムとデータ構造
　西尾章治郎監修／原 隆浩他著 160頁・定価2640円

⓫ データマイニングと集合知 基礎からWeb、ソーシャルメディアまで
　石川 博・新美礼彦他著……254頁・定価3080円

⓬ メディアとICTの知的財産権 第2版
　菅野政孝・大谷卓史他著……276頁・定価3190円

⓭ ソフトウェア工学の基礎
　神長裕明・郷 健太郎他著……202頁・定価2860円

⓮ グラフ理論の基礎と応用
　舩曳信生・渡邉敏正他著……168頁・定価2640円

⓯ Java言語によるオブジェクト指向プログラミング
　吉田幸二・増田英孝他著……232頁・定価3080円

⓰ ネットワークソフトウェア
　角田良明編著／水野 修他著…192頁・定価2860円

⓱ コンピュータ概論
　白鳥則郎監修／山崎克之他著…276頁・定価2640円

⓲ シミュレーション
　白鳥則郎監修／佐藤文明他著…260頁・定価3080円

⓳ Webシステムの開発技術と活用方法
　速水治夫編著／服部 哲他著…238頁・定価3080円

⓴ 組込みシステム
　水野忠則監修／中條直也他著…252頁・定価3080円

㉑ 情報システムの開発法：基礎と実践
　村田嘉利編著／大場みち子他著 200頁・定価3080円

㉒ ソフトウェアシステム工学入門
　五月女健治・工藤 司他著……180頁・定価2860円

㉓ アイデア発想法と協同作業支援
　宗森 純・由井薗隆也他著……216頁・定価3080円

㉔ コンパイラ
　佐渡一広・寺島美昭他著……174頁・定価2860円

㉕ オペレーティングシステム
　菱田隆彰・寺西裕一他著……208頁・定価2860円

㉖ データベース ビッグデータ時代の基礎
　白鳥則郎監修／三石 大他編著…280頁・定価3080円

㉗ コンピュータネットワーク概論 第2版
　水野忠則監修／太田 賢他著…304頁・定価3190円

㉘ 画像処理
　白鳥則郎監修／大町真一郎他著 224頁・定価3080円

㉙ 待ち行列理論の基礎と応用
　川島幸之助監修／塩田茂雄他著 272頁・定価3300円

㉚ C言語
　白鳥則郎監修／今野将編集幹事・著 192頁・定価2860円

㉛ 分散システム 第2版
　水野忠則監修／石田賢治他著…268頁・定価3190円

㉜ Web制作の技術 企画から実装、運営まで
　松本早野香編著／服部 哲他著…208頁・定価2860円

㉝ モバイルネットワーク
　水野忠則・内藤克浩監修……276頁・定価3300円

㉞ データベース応用 データモデリングから実装まで
　片岡信弘・宇田川佳久他著……284頁・定価3520円

㉟ アドバンストリテラシー ドキュメント作成の考え方から実践まで
　奥田隆史・山崎敦子他著……248頁・定価2860円

㊱ ネットワークセキュリティ
　高橋 修監修／関 良明他著…272頁・定価3080円

㊲ コンピュータビジョン 広がる要素技術と応用
　米谷 竜・斎藤英雄編著……264頁・定価3080円

㊳ 情報マネジメント
　神沼靖子・大場みち子他著……232頁・定価3080円

㊴ 情報とデザイン
　久野 靖・小池星多他著……248頁・定価3300円

＊続刊書名＊
・コンピュータグラフィックスの基礎と実践
・可視化
（価格、続刊書名は変更される場合がございます）

www.kyoritsu-pub.co.jp　　共立出版　【各巻】B5判・並製本・税込価格